The Presentation
Philosophy of
The Architects

—— Make
the Most of
Your Life

建筑师的智慧与哲学

15组日本著名建筑师的职业洞见

【日】X-Knowledge社 编
周元峰 付珊珊 译

中国建筑工业出版社

Preface

建筑师，是一个为人们创造幸福的职业。
这，是一本讲述建筑师的智慧与哲学的书。

□□本书将为您介绍建筑师和艺术家的那些神奇的思维，夸张一点说，这些思维或许会指引您改变自己的人生。

□□我们探访了 15 组建筑师和艺术家，向他们咨询了汇报方案的方法和要领，并请他们介绍了自己经历过的方案汇报是什么样的。

□□首先，我们感兴趣的是他们参加竞标时的心得。比如如何解读设计要求，如何策划项目，如何制作发表文件以及和业主沟通和提问的要领。

□□特别是像住宅或者室内设计那样需要业主积极参与的项目，我们很想知道如何和业主讨论方案，如何讲解自己的模型，怎样聆听业主内心深处的需求，失败的时候如何挽救等等。

□□另外，我们还请教了他们对想成为建筑师的学生的建议，以及作为评审者什么样的汇报比较出色等，为此进行了全方位的采访。甚至，会时不时请他们拿出画笔，讲解草图的画法及模型的制作方法。

□□相信这些会对从事建筑业的人或者希望从事建筑业的人提供很多具体的帮助。但是，“汇报”的话题并没有到此结束。

□□何谓交流？应以何种姿态表达自己的观点？如何继续前行？良好的团队合作又能带来什么？

□□这些道理同样适用于建筑以外的其他世界。比如每天的生活和对话的方式，夸张点说，这些可以指导生存之道，通用于任何人。

□□通过采访这 15 组 20 人的建筑师和艺术家，我们讲述了他们各自的哲学和美学，喜恶与信念，经验与展望。他们的想法和理论或许各自不同，但各有其正确的地方，各有其美丽的地方，各有其让人信服的地方。

□□“建筑师，是一个为人们创造幸福的职业。”有位建筑师曾这样说。

□□也许他们的思维模式各有不同，但相同的是他们的职业——为人们创造幸福。

□□这，是一本讲述建筑师的智慧与哲学的书。

Contents

日文原书：
采访・文字：轮湖雅江
照片：米谷 亨
设计：新保庆太 + 新保美沙子（Smbetsmb）
英文：目黑洋子（megropress）

Profile

The Lessons from
The Architects

EXPRESSION
OF
THOUGHTS

HOW
TO
WARM UP

Ryue Nishizawa
西泽立卫

1966年生于东京，1988年毕业于横滨国立大学工学院，1990年在横滨国立大学研究生院完成硕士课程，并于同年进入妹岛和世建筑设计事务所。1995年和建筑师妹岛和世一起建立SANAA建筑事务所。1997年成立西泽立卫建筑设计事务所。现任横滨国立大学研究生院建筑城市尺度Y-GSA课程教授。曾获日本建筑学会奖（1998年、2006年）*、第15届吉冈奖、威尼斯双年展国际建筑展金狮子奖、罗尔夫·绍克奖、第46届每日艺术奖、普利茨克奖等。

西泽立卫建筑设计事务所
www.ryuenishizawa.com

page10-

Makoto Yokomizo
横沟诚

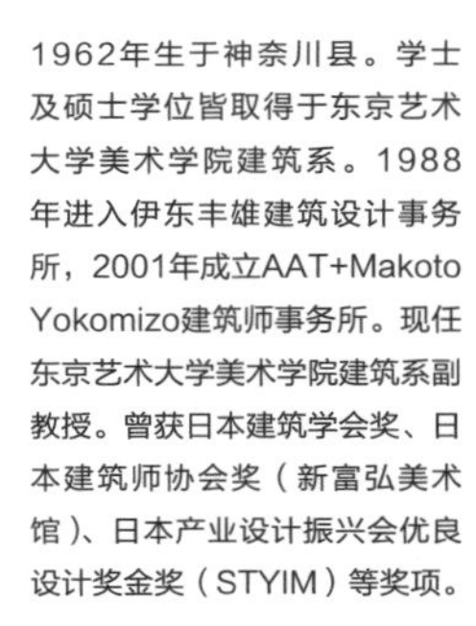

1962年生于神奈川县。学士及硕士学位皆取得于东京艺术大学美术学院建筑系。1988年进入伊东丰雄建筑设计事务所，2001年成立AAT+Makoto Yokomizo建筑师事务所。现任东京艺术大学美术学院建筑系副教授。曾获日本建筑学会奖、日本建筑师协会奖（新富弘美术馆）、日本产业设计振兴会优良设计奖金奖（STYIM）等奖项。

AAT+Makoto Yokomizo建筑师事务所
www.aatplus.com

Page22-

Ryuji Fujimura
藤村龙至

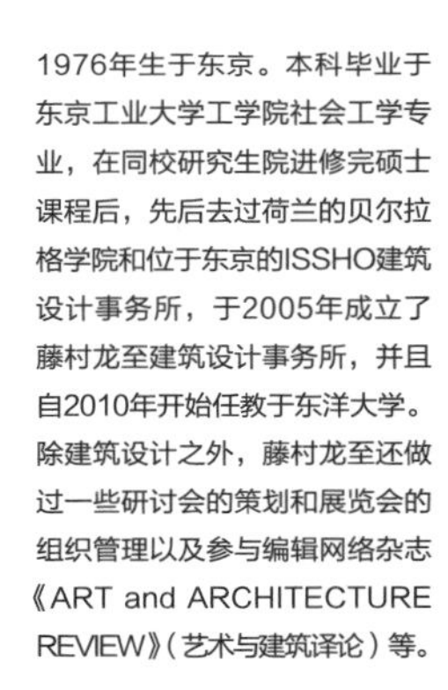

1976年生于东京。本科毕业于东京工业大学工学院社会工学专业，在同校研究生院进修完硕士课程后，先后去过荷兰的贝尔拉格学院和位于东京的ISSHO建筑设计事务所，于2005年成立了藤村龙至建筑设计事务所，并且自2010年开始任教于东洋大学。除建筑设计之外，藤村龙至还做过一些研讨会的策划和展览会的组织管理以及参与编辑网络杂志《ART and ARCHITECTURE REVIEW》（艺术与建筑评论）等。

藤村龙至建筑设计事务所
www.ryujifujimura.jp

page34-

Takaharu+Yui Tezuka
手塚贵晴 + 手塚由比

1994年由手塚贵晴和手塚由比共同创立了手塚建筑策划，并于1997年改称为手塚建筑研究所。曾获吉冈奖、JIA新人奖、日本建筑学会奖、日本建筑师协会奖（富士幼儿园）等很多奖项。
手塚贵晴，1964年生于东京，本科毕业于武藏工业大学，硕士毕业于宾夕法尼亚大学，曾在位于伦敦的理查德·罗杰斯事务所工作。现任东京城市大学教授。
手塚由比，1969年生于神奈川县。本科毕业于武藏工业大学，曾就学于伦敦大学巴特莱特建筑学院。现任东海大学兼职讲师。

手塚建筑研究所
www.tezuka-arch.com

page46-

Akihiro Yoshida

吉田明弘

1965年生于东京，1990年于日本大学工学院建筑学专业毕业后，进入A.P.L.综合设计事务所工作，2005年同大野秀敏一起成立A.P.L.设计工作组，并从2011年开始准备成立自己独立的事务所。曾获建筑业协会奖、医疗疗养建筑奖（欢乐颂彦岛疗养院）、优良设计奖（YKK圆形屋顶展示馆）、日本建筑学会作品选奖（YKK健康管理中心）等奖项。现任日本大学理工学院兼职讲师。

A.P.L.设计工作组
www.apldw.com

page62-

Makoto Tanijiri

谷尻 诚

1974年生于广岛县，2000年成立SUPPOSE DESIGN OFFICE建筑设计事务所。主要活跃于广岛和东京区域，曾设计过80项以上的住宅作品，并且广泛涉足于例如商业空间等从景观设计到室内设计的很多方面。曾获日本商业环境设计奖新人奖、优良设计奖（昆沙门之家、LA.TERRASE）、芝加哥国际建筑奖等。现任穴吹设计专门学校特任讲师、广岛女学院大学客座教授。

SUPPOSE DESIGN OFFICE
建筑设计事务所
www.suppose.jp

page74-

Manabu Chiba

千叶 学

1960年生于东京，1985年毕业于东京大学工学院建筑学系，1987年于同校取得硕士学位。曾就职于日本设计，并担任过因子N联营公司的合伙人，于2001年成立了千叶学建筑计划事务所。现任东京大学研究生院工学院建筑学系副教授。获得的奖项主要有吉冈奖、优良设计将、AACA奖优秀奖、BCS奖、日本建筑师协会奖、日本建筑学会奖等。

千叶学建筑计划事务所
www.chibamanabu.jp

page86-

MIKAN

（MIKAN 是日文“橘子”的发音，故又称“橘子帮”）

MIKAN 设计事务所

由4名合伙人共同成立于1995年。
加茂纪和子，生于福冈县，1987年于东京工业大学研究生院取得硕士学位。现任ICS艺术学院讲师。
曾我部昌史，生于福冈县，1988年于东京工业大学研究生院取得硕士学位。现任神奈川大学教授。
竹内昌义，生于神奈川县，1989年于东京工业大学研究生院取得硕士学位。现任东北艺术工科大学教授。
曼努埃尔·塔尔迪茨，生于巴黎，1988年于东京大学研究生院取得硕士学位。现任ICS艺术学院副院长。

MIKAN设计事务所
www.mikan.co.jp

page98-

Profile

METHODS & BEHAVIORS

Yasutaka Yoshimura
吉村靖孝

1972 年生于爱知县，学士学位及硕士学位皆取得于早稻田大学工学院。1999 年作为公派艺术家研究员被文化厅派往荷兰的 MVRDV 建筑设计事务所。2005 年成立了吉村靖孝建筑设计事务所。

著作有《超合法建筑图鉴》、《EX-CONTAINER》等，曾获吉冈奖（DRIFT 住宅）、日本商业环境设计奖大奖（红光·横滨）、日本建筑学会选奖（Nowhere but Sajima 出租别墅）等。

吉村靖孝建筑设计事务所
www.ysmr.com

page110-

C+A
C+A 事务所

小岛一浩，1958 年生于大阪，本科毕业于京都大学建筑学专业，硕士毕业于东京大学研究生院。1986 年，在攻读博士课程的同时，和伊藤恭行等 7 人共同成立了空棘鱼（Coelacanth）建筑事务所。

赤松佳珠子，1968 年生于东京，日本女子大学家政学院住居专业本科毕业，之后加入了空棘鱼建筑事务所。1998 年事务所改组为空棘鱼联合（Coelacanth And Associates）建筑事务所，简称 C+A。2005 年再次改组为两个分部，由小岛和赤松组成名为 C+A tokyo 的东京分部，简称 Cat；由另外两名骨干伊藤恭行和宇野享组成名为 C+A nagoya 的名古屋分部，简称 CAn。

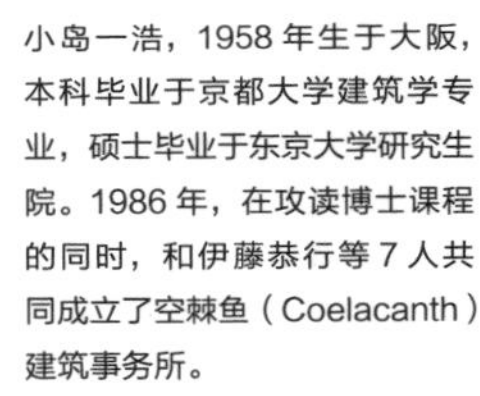

C+A 事务所
www.c-and-a.co.jp

page126-

Makoto Koizumi
小泉 诚

1960 年生于东京，拜师于设计师原兆英先生和原成光先生，1990 年成立了小泉工作室（Koizumi Studio）。2003 年开办了工作室兼商店的“小泉道具店”。无论是家具、住宅的设计或产品设计，甚至地域规划或城市规划，只要是和生活相关的设计领域他都有涉足，现在于武藏野美术大学空间表现设计专业担任教授职位。曾获优良设计奖金奖（葵董住宅），日本商业环境设计奖金奖（TOKORO 咖啡厅）等奖项。

小泉工作室
www.koizumi-studio.jp

page138-

Kensuke Watanabe
渡边健介

1973 年生于东京，本科毕业于东京大学工学院建筑学专业，硕士毕业于该大学研究生院，另外还取得了哥伦比亚大学建筑系的硕士学位（富布莱特全额奖学金）。曾在 CHoP 建筑设计事务所及 C+A 事务所工作过，2005 年成立了渡边健介建筑设计事务所。现任桑泽设计研究所和东洋大学的兼职讲师。

渡边健介建筑设计事务所 / KWAS
www.kwas.jp

page150-

WHAT
IS
APPEALING

Tadasu Ohe

大江 匡

东京大学工学院建筑学专业本科毕业，同校建筑学专业硕士毕业。1977 年就职于菊竹清训建筑设计事务所，1985 年成立 PLANTEC 综合计划事务所。2005 年就任 PLANTEC 联合事务所董事长。代表作有三得利商品开发中心、日产全球设计中心、索尼总部大楼、武田药品工业有限公司湘南研究所等。

PLANTEC 联合事务所
www.plantec.co.jp

page162-

Hitoshi Abe

阿部仁史

1962 年生于宫城县，1992 年成立阿部仁史工作室，1993 年获得博士学位，1994 年开始担任东北工业大学讲师、助理教授，2002 年任职于该大学研究生院教授职位。2007 年 4 月开始担任加利福尼亚大学洛杉矶分校（UCLA）艺术 · 建筑学院城市 · 建筑系主任。2010 年出任加利福尼亚大学洛杉矶分校 Paul I.and Hisako Terasaki 日本研究中心所长。
所获奖项主要有吉冈奖、BCS 奖、日本建筑学会奖、美国《商业周刊》/《建筑实录》奖、亚洲新锐建筑奖、日本建筑学作品选奖等。
主要作品有宫城体育场、菅野美术馆、青叶亭、F-town 公寓楼、东北大学百周年纪念馆川内荻音乐厅等。

阿部仁史工作室
www.a-slash.jp

page174-

Nobuaki Furuya

古谷诚章

1955 年生于东京，学士学位及硕士学位皆在早稻田大学工学院建筑系取得。曾以文化厅公派艺术家研究员的身份在马里奥 · 博塔事务所工作，1994 年任早稻田大学教授，成立 NASCA 一级建筑师事务所。曾获第 8 届吉冈奖（孤城之家）、日本建筑师协会新人奖（香美市立柳濑嵩纪念馆－诗与童话的图画书、日本建筑学会奖、日本建筑师协会奖、日本艺术院奖（茅野市民馆）等。

NASCA 一级建筑师事务所
www.studio-nasca.com

page182-

Interview

Ryue Nishizawa

西泽立卫

architect

方案汇报会
也就是关于向人介绍方案，与人沟通的能力
当我这样咨询西泽立卫先生后
他却让我先思考在那之前应该怎样做
于是我发现了那些非常重要的、应提前考虑的问题
也就是，应学会先向自己提问
例如“我所说的都属实吗？”
首先，让我们在汇报方案之前
先来创造自己的汇报哲学吧！

真的设计得很好吗
有没有不属实的地方
一旦说出来马上就能意识到这些

□□“一件作品，一旦用语言描述出来，就能马上清晰地意识到自己是不是真的喜欢这件作品，向人介绍的内容是不是有不属实、夸张的地方。”

□□西泽先生不慌不忙地说出了这句原本有些突然、有些意外的话。

□□“所谓建筑设计，其实包含了很多靠感觉的东西，有时是由那些看似刻意又似自然而然的成分浑然一体而形成的。”

□□“对，有时会突然发现正在做的东西好像有点无聊。”

□□“在做设计时，我常常会让自己用语言来描述一下正在设计的建筑。因为一旦把这些话说出来，就能听出来自己有没有欺骗自己的地方了。如果当中有欺骗自己的成分，那么当你说‘这个建筑是因为这样的考虑，而这样进行设计的’的时候，就会非常清晰地感觉到那些地方在说出来的时候是会感到心虚的，这样就可以判断出这个设计是不是真的很有趣。也许这是出于人的本性，我们即便对于一些很一般的东西，也会很自然地将其形容得很美，但说出来之后又马上就能意识到自己刚才好像说大话了。”因此，一定要重视口头表达，这不仅是将自己的想法传达给他人的途径，同时也是一个审视自己想法的手段。

□□“所以那些很容易说明的内容并不一定就是好的，那些让人不知道怎样介绍的内容也不一定就是不好的。恐怕有时恰恰相反，你会感觉那些容易说明的内容其实根本是错误的，因为我们有时会为了介绍方案而不自觉地进行了夸张的描述。因此，我们必须努力甄别自己有没有把很普通的设计形容得很有创意，审视一下自己的设计是不是真的很好。说白了，我们需要看看其中有没有自己臆造的成分。”

□□“但是，想做到真正的诚实也的确不容易啊。”

□□“也许还谈不上诚实不诚实的问题，只是想通过语言表达出来，给自己一个从外面来观察自己内心想法的机会，这样的观察会更客观一些。毕竟，你首先要确定你自己是不是认为这个设计是有趣的，不然就没法向别人介绍这个设计了。其实也就是要衡量一下这个方案是不是达到了可以向委托者汇报的水平，是不是可以公开展示出来接受社会的评价。我认为先不管委托方会不会接受，但既然是拿出来让其他人评价的东西，至少你自己必须真心觉得很有趣才行。”

讲话的水平可以反映出思维的水平

□□“除了有关真实、客观这些问题以外，还有什么应该注意的呢？”

□□“在方案汇报会中，表达技巧也非常重要。我就非常重视表达技巧的运用，这和写作一样，想要写出好作品就一定要有好的文笔才行。比如说你想告诉其他人春天很美，谁都可以说出‘春天很美’这句话，但恐怕谁也不会就为这四个字而感动吧。但如果你运用了某些很好的表达技巧，再配合一个很合适的环境，也许就能使人非常感动了。我认为，一个人讲话的水平可以在某种程度上反映出其思维的水平，因为你讲话的内容会体现出你的胸怀和价值观等。就像文学、歌曲、诗词一样，讲话的哲学是会牵扯到人类心灵深处的，比如这个人对待人生的态度，有什么样的性格等，我对这些非常着迷。”

□□“您能举个例子吗？”

□□“其实不管是《万叶集》、《古今和歌集》，还是流行音乐，几乎所有的语言都有这样的特点。比如就算都是诗词，也既有让人感动的优秀作品，也有并不怎么样的。还记得上学的时候，有一个评论家新发表了一篇文章，我看了之后非常感动，于是我把整篇背诵了下来。”

□□“背诵了下来？”

□□“是的，因为不光是喜欢它的内容和观点，而是喜欢整篇文章，包括它的表达方式，这些加在一起使我感动。因此，我也想用这样的表达方式来引起其他人的共鸣。但是，想引起他人的共鸣，用‘借’来的语言还是不行的，我按原文背诵给其他人之后，果然还是反响平平。”

□□西泽先生强调了，如果不是切实从自己心中酝酿的语言，是无法感动别人的。

□□“那么，我们所思考的东西都能用语言表达出来吗？”

□□“其实根本没必要担心语言能不能表达自己的思维，因为在某种意义上反而是语言决定了你的思考。比如说当你想要说些什么的时候，首先就会考虑我要不要说这件事；或者当你已经说出了某事之后，如果感觉到了话中有不适当的地方，也自然会重新思考所说的内容。”

Sounds

事务所的办公桌被没有谎言的声音和音乐包围

左上丨办公桌旁边的书架上排列着古典音乐的黑胶唱片，多是一些钢琴曲和巴赫的名曲

右上丨这些迷你酒瓶都是我去国外出差时收集到的，大概从30多岁就开始了。在欧洲有很多这种包装精美的酒瓶，里面装的一般都是布朗尼或者威士忌，我一瓶都没打开过，都开始有些担心酒会凝固在里面了。不过，由于数量太多了，实在收集不过来就放弃了。

右下丨桌子旁边堆着一些CD，最上面的几张是桑尼・罗林斯、滚石乐队、迈克尔・戴维斯的唱片。

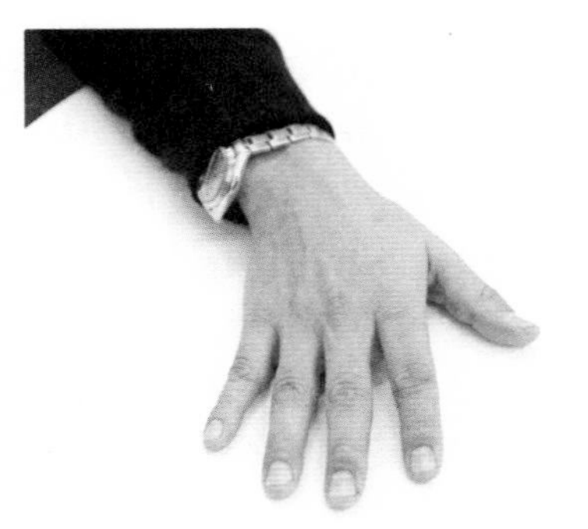

只有抽象化处理后的东西才能反映作者的价值观

□□“西泽先生您做的汇报可真是简单易懂啊。”

□□“是啊，因为我特别注意自己讲话是不是简单明了，能让听众明白。可能是因为我的态度比较好吧，我并不会因为只是做一个简单的汇报或者方案说明就草草了事，觉得只要把信息传达给对方就行了，那样说出来的话太机械了。”

□□“看来，一个人说话、思考的方式是可以体现出他的性格的。”

□□“我在向人讲解建筑的时候，就尽可能用简单易懂的方式进行，因为我认为建筑本身就有一种简洁的特性。我也不知道是由于日语和日本人的特性还是我自己的性格，反正我就是喜欢简洁的东西。但我觉得不只是我自己这样，是日本人思考事物的方式决定这一切的。欧洲人追求在建筑上添加很多雕刻等装饰，但日本的寺庙建筑除了建筑结构之外就什么都没有了，反而是这种简单更能带来狂野的冲击力。”

□□所以，只有抽象化处理后的东西才能反映作者的价值观。

□□“所谓抽象化，就是保留自己认为重要的东西，剔除那些不重要的，因此在这个过程中就必然会反映出对作者而言什么才是重要的，也就是体现出了作者的价值观。”

□□抽象化并不是单纯化，而是一种对精华的提取。

□□“虽然我们谁也无法完全准确形容自己现在的心情，但当我们尝试将情感提炼成语言的时候，就会得到某种经过升华的东西。也许我们越是使用极为省略的语言，反而越能丰富地表达自己的情感，因为抽象化其实是基于人类本性的一种行为。”

不是所有人
都能像马迪·沃特那样
用歌声展现自己的文化

□□“如果你用铅笔和尺子画了一条直线，你总会感到自己和那条直线之间有着某种隔阂。同样，你在描写或者表述什么事物的时候，都一定会感到这种隔阂，或者说是一种陌生感、形式感。这是因为语言之类的东西——我们用来表达自己的工具——并不是说话的人自己创造的，而是一种社会性的东西，然而这一点非常重要，不然我们就听不懂对方要表达什么了。”

□□“但这并不意味着使用社会性的语言就不能真实地表达自己。”

□□“比如一句非常直接的‘我饿了’，可能越是这种出于人类本能的语句，越能反映出某些文化的特性。也许不是所有人都能像马迪·沃特那样用歌声展现自己的文化，但我们却可以从诸如说话、吃饭这些生活方式方面来观察对方的文化。人并不能像动物那样完全‘赤裸’地暴露在别人面前，我们都需要被各种东西包裹着，而最根本的一种包裹就是由饮食、行动、价值观、作息等构成的文化环境。而建筑正是展现这些生活方式的载体，与地域环境等一起，向人们叙说着人类浩瀚的文化。”

□□“那么我们用语言向其他人讲述的时候，比如说讲解建筑的时候，也算是一种文化吧？”

□□“不仅如此，方案汇报不仅仅是讲述建筑，更重要的还是构建一种从无到有的东西，是一种创造。也就是将建筑作为一种概念、一种可能性勾画出来。”

□□西泽先生向我讲述了自己的代表作“森山住宅”的案例来举例说明。

□□“设计一开始，我向业主森山先生提供了一个由几个较小的、形态各异的建筑组合在一起的方案，看过模型之后，他笑着跟我说他很喜欢这种像是由自家的住宅扩建出来的感觉。说虽然自己想建一个用于出租的公寓，但还是希望在收回成本之后就不再对外出租，转而全部当成自己的家来使用，这个方案让他联想到一种不需

方案汇报不仅仅是讲述建筑
更重要的还是构建一种从无到有的东西
是一种创造

要别墅的生活。我听了之后感到非常新鲜，看来虽然是一个集合住宅的项目，但森山先生好像并不喜欢一般的那种每家房间都差不多、有些像宿舍的建筑。但是我又在思考，所谓不用别墅的生活又是什么意思呢？是在自家的地块上有另一处住所呢，还是虽然是同一处住所但又不能算是自己家的空间呢？其实当时的那个模型并没有表现出这些理念，但森山先生通过看模型和交流，引发出了不同的可能性。”

□□“这可多亏了森山先生积极说出了自己的想法。”

□□“的确，正是由森山先生这席话，原本不存在的东西才开始慢慢展现出来。可见真诚、直接的话语是可以打动人内心深处的。但对于建筑的创造，真想做到这些又谈何容易。”

□□“建筑原本都是全手工制造的，比如帕提农神庙，柱子是定制的，柱基是定制的，就连门窗和墙面都是手工定制的。如果我们希望建成的建筑能够完全表达自己的构思，其实我们就应该全部自己动手制作所有的构件，就像优秀的厨师会自己种植蔬菜那样。但是，近代以来，我们不可避免地要使用预制构件，也就是经其他人设计的东西。虽然大部分的建筑师并不愿意承认，但我们已经无法决定建筑的每一处细节了，所以设计的时候难免会有有什么用什么，而不是我需要什么而用什么。但我并不是不赞同使用预制构件，而是在使用预制件或者定制件的时候要精细策划，思考这个设计需要什么，而不是随波逐流。怎样使用预制构件，怎样使用定制构件，如何‘组装’建筑，已经是建筑设计最独特的部分了。”

与他人交流时
我们都期望着
对方的创造性

□□“做设计，要从地块环境和使用者的需求开始。”

□□印象中的西泽先生非常擅于灵活利用地形和地块环境来建造建筑。

□□“但是，我并不会让这些限制条件约束我的创造力，而是基于这些条件，来创造超越这些条件的建筑。当我们在某地新建一座建筑时，必定会给环境带来一定的改变，甚至新的建筑本身就形成了一种新的环境。所以我们没必要追求重现建造前的环境，而应该着眼于创造一个更好的环境。”

□□创造性是一件非常重要的事情，人与人的交流也是基于创造性才诞生的。

□□“意见完全相同的人是无法团队协作的，因为如果没有不一样的见解，那么相互交换意见就是没有意义的事情了。我们与他人讨论、共事其实都是对对方的想象力有所期望，希望对方能在讨论中迸发出新的思维，希望进行有创造性的交流。”

□□“这也可以说是交流的根本所在啊！”

□□“说起来，我认为诗歌也是对‘语言的根本’很好的一种展现。也许只是因为我本人非常喜欢诗歌和音乐才这么想，但我觉得诗歌和音乐是将人的心情、价值观、性格全部凝结起来的东西，可以说是语言表现的原型。”

□□“那您有没有写过诗啊？”

□□“没有，不敢妄想自己能作诗。”

□□“可是，诗歌也是如果不用自己原创的语言就无法真实地表达自己啊！”

□□“嗯，你说的也对呢。确实有机会还是应该试试啊！”西泽先生笑着说。

看 HOW
听 TO
说 WARM UP

为了正确理解对方的话
应该将其所述的内容用不同的词语复述一遍

基于他们的这些梦想的端倪
着手去做具体的方案

培养业主的建筑修养
也是建筑师重要的课题

先和甲方强调一遍
“咱们按商谈型方式进行设计”

一起进行思考的话
就不会产生误会

沟通能力
和调整能力的时代

即使能有好的想法好的造型
若没有“人格魅力”
也成为不了优秀的建筑师

不用把记住的东西全部说出来
把精力集中在“传达”这件事上
把重要的事情简明扼要地讲述出来就好

KUBRICK
MICHEL CIMENT
Prelude to the Space Age
IES IN BERLIN
THE LOST WORLD
CHRISTO
中国の科学と文明
建築MAP東京
調査・分析方法

Makoto Yokomizo

横沟诚

architect

对建筑设计完全没有概念的业主
历时一年半的低成本住宅设计
有横沟先生为我们讲述
这样另类的设计经历
其中的奥秘便是和业主共同成长

□□“正好两周前有一个项目开工了，咱们就聊聊这个项目吧。这个项目是一对年轻夫妇的住宅，用地在一座小山上面，从上面正好可以看到小田原附近的居住区。”

□□横沟先生娓娓道来。事务所的桌子上除了模型还是模型。

□□“这些基本上都是这个项目的草模或是方案汇报会用的模型。”

□□其实这个项目挺有意思的。业主是一家三口，丈夫是一位在著名大企业上班的技术员，然后就是他的妻子和女儿了。他们一开始先找了一家当地的木工作坊，对方可以用当地的木材为他们建造住房，并且可以包揽从设计到施工的全部工序。“但这一家人看了木工作坊的设计提案之后觉得有很多疑问，很是苦恼。正好我曾经为他们的一位朋友设计过住宅，他们就通过那位朋友的介绍来见我了。”

□□“也就是他们并不是因为对建筑很感兴趣，或者是想找一位专门的设计师或建筑师来设计才来找我的。”

□□“但是当我问那位太太希望这所住宅可以给一家人带来什么样的生活的时候，她的回答却非常有意思。因为她虽然完全不懂建筑，但我在她的话语中却听出了很强的空间感。”

□□“比如她先跟我说不喜欢墙上很突兀的有个铝合金窗户的那种样子，又跟我说‘但是看了一些杂志之后，又发现有些窗户也还行。’还有，她说不喜欢那些绕着房间角落一圈的东西，很奇怪为什么会存在这种东西。其实她说的是踢脚线，她说每回看见这些东西都感觉十分奇怪。而我认为她能有这些想法绝不是一件普通的事情。”

□□“于是我一边画草图一边向她询问道：‘你是不是只是不喜欢这种窗户啊？如果有一个这样的房间里有一扇这样只有玻璃的窗户你会喜欢吗？’果然她一脸豁然开朗的表情回答我：‘对！这就是我想要的！’（笑）”

□□“那次见面之后，我算是正式接手了这个项目，但他们的预算只有2000万日元，即便将设计费减至最低限只收200万，也只剩下1800万了。再将这笔费用核算到他们想要的建筑上的话，每平方米就只有40万了。这样就只能在这么开阔的用地里建一个像山间小屋那样的方盒子了。因此我将和业主沟通的重点放在了这方面。”

□□横沟先生在汇报方案时的基本原则就是通过多提问来引导对方说出自己想要的东西是什么样的。

□□“其实交流就是一件很单纯的事情，有时为了避免误会，有必要把即便是说过一次的内容，也要用不同的词语再重复一遍。比如说‘明天2点见’这句话，就应该再用‘也就是14点’再强调一遍，这样就可以消除很多误会。”

□□“听说您的讲解都非常易懂，会例举出具体的专有名词和事例以及背景等加以详细介绍。”

□□“对是对，但可不能弄成教科书式的说明，要针对每个业主和每个方案结合实际情况加以调整，有的放矢。”

□□那对业主夫妇将设计委托给横沟先生后不仅感到很放心，甚至在他的启发下畅想了很多关于今后生活的情景和希望，讲述了一个又一个的梦想。

□□“他们逐渐地告诉我希望能够在早晨沐浴着阳光起床；希望能够通过登上屋顶之类的方法在晚上看星星看月亮；希望能够有机会在室外的天空下用餐，甚至都已经决定管这个地方叫做‘室外餐厅’了。”

□□“我当时对他们的这种创造力感到非常吃惊，当然我们也是打算做出一个非常有趣的方案，就基于他们的这些梦想的端倪开始做具体的方案了。”

□□“记得当进行模型汇报的时候，我们拿出了很多风格各异的模型，那对夫妇就在那里满目喜悦地讨论着‘这个可以在室外泡澡多好啊’，

**为了正确理解对方的话
应该将其所述的内容
用不同的词语复述一遍**

将各种各样的模型摆在业主面前
让其自主选择
这种汇报方式可以激发业主的创造力

‘这个外观跟个画廊似的多帅气啊’等等。”

□□“像这样拿出很多方案让业主自行挑选不仅可以增强业主的参加意识，还可以让业主在不知不觉中又发现这些方案很多新的功能，可以为进一步修改方案提供很好的方向。”

□□“我们不需要告诉业主某个地方是什么什么功能，我们要做的是把业主的思想用形状表现出来，然后再提示他‘其实还有这样的类型可以选择呢’。”

□□“当我们拿出很多方案之后，可能会觉得哪个方案都挺好的，这时业主可能会让我们推荐一个最好的方案。但有时我们选出的最优方案可能会对后面的施工及预算等有一定负面影响，这种情况就一定要事先和业主解释清楚。尽量从全方位考虑清楚。”

□□也就是说，要多给业主一些选择，多一些提案。

□□“当他们去木工作坊咨询的时候，对方做了好几周只给他们送来了一些平面图之类的，当时他们很失望，觉得是不是自己的家也就只能做这些平淡无奇的设计了。但他们来这里之后，只是经过简单的一些谈话，我们就拿出了十几个甚至二十几个模型，你说他们能不感到惊喜吗？当然，我这么做也是为了激发出他们自己的创造力！”

□□“另外，除了模型所表达的方案，我还思考了很多关于这块用地的设计思路。”

□□“我考虑应该保留用地内原本就有的一些樱树和梅树以及柿子树等树木，并在这个较为宽阔的用地里保留大片的生活空间和这些树形成呼应。再用建筑将用地分割成几个小院子，比如：可以赏樱花的院子；朋友来做客时停车的院子；和客厅以及浴室等结合很有趣味的院子；晾衣服等不愿被其他人看到的院子。再将这些院子用屋顶或者平台联系起来，就形成了一种非常丰富的空间了。”

□□但当时由于预算等原因，最后决定采用了一个简单直接的方案。在用地一侧建一座两层的小楼，然后从建筑边缘引出两道围墙，墙外是停车场，墙内是儿童玩耍或者种些园艺的地方。事情到此按说应该告一段落了……

Presentation

case HOUSE

在神奈川县南足柄市购买了一块 170 坪大小用地的一对夫妇的住宅设计。经过两次大的修改，设计历时一年半之久。

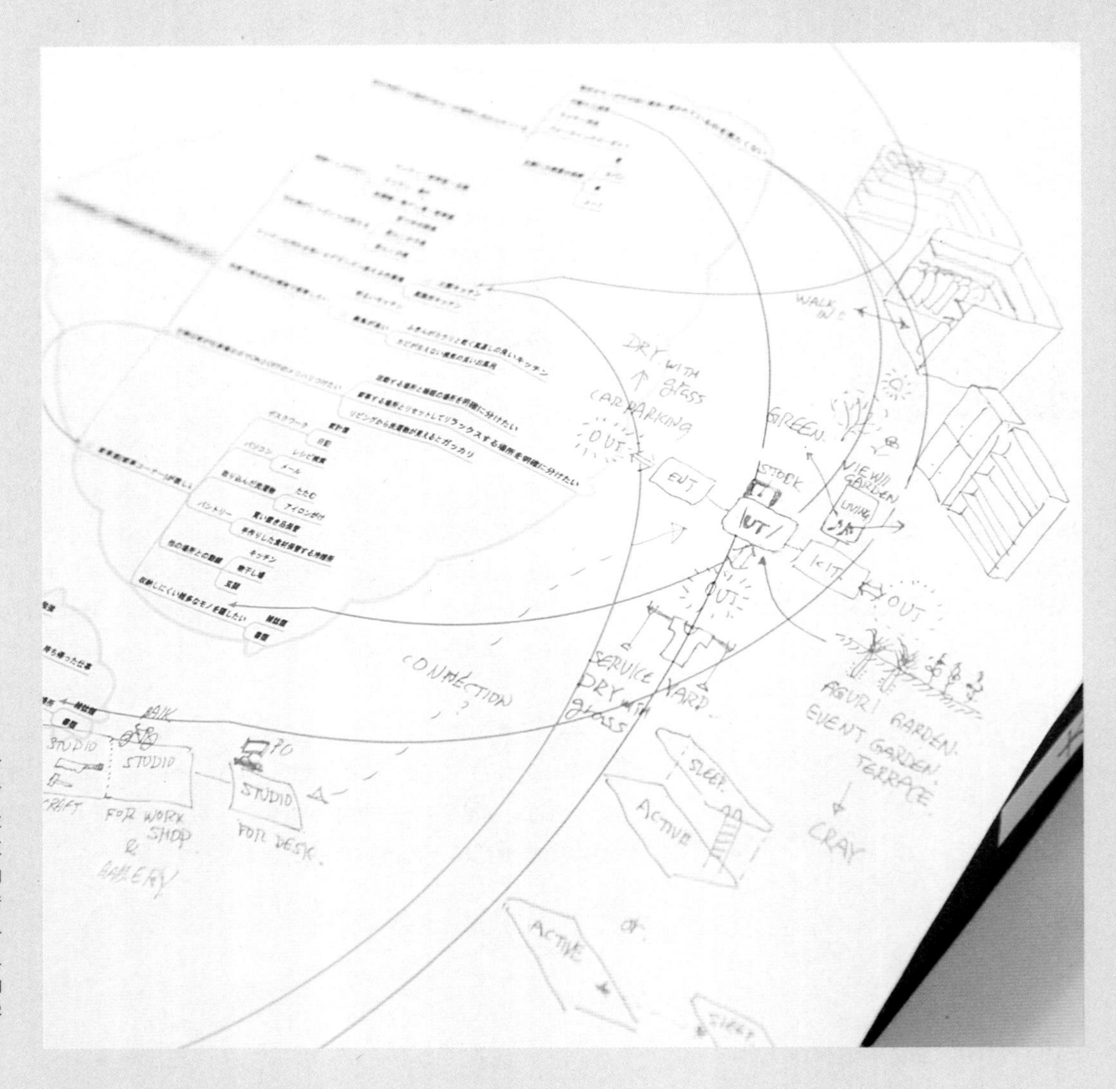

业主是一对年轻夫妇，对木工作坊交给他们的方案感到很失望之后，将设计拜托给了横沟先生。左边是业主用文字概括出的对未来生活的希望，写着诸如“室外餐厅”和“早晨沐浴着阳光起床”之类的梦想。右边红色的是横沟先生将这些文字具体化而绘制出的草图。

基于他们的这些梦想的端倪着手去做具体的方案

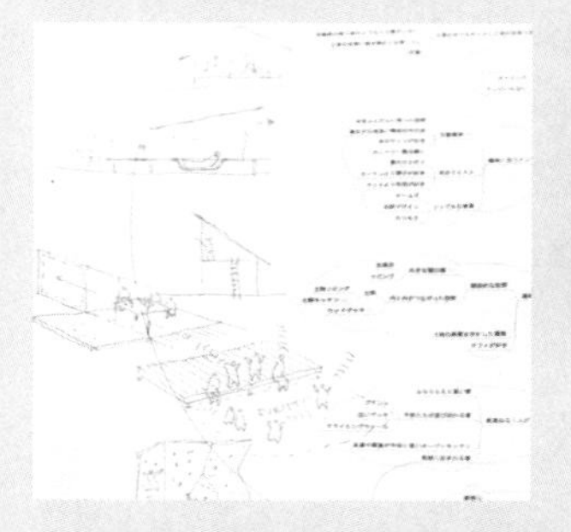

上丨右边数第二张照片是和业主夫妇第一次见面时画的有关窗户的草图，左侧那个是那位太太很讨厌的那种窗户，右侧则是将墙壁的一部分切下而形成的窗户，那位太太看到这样的窗户后立马惊呼“我就是要这样的！”横沟先生很吃惊于她有这样的空间解读能力。

左丨一度几乎决定好了的方案，但分割用地的围墙有些超出预算了，这也正好激发了男主人说出了自己的心声，从而否决了这个方案。

利用突发的设计变更
将悄悄酝酿许久的方案
提出来试试对方的反应

□□但是，这时发现了一个问题，分割用地的围墙过长导致超出了预算。

□□“可要是没有这面围墙，建筑就光秃秃地立在那里了，生活空间完全暴露在了外面，而且也没有任何趣味性可言了。为了能够让业主自由地使用庭院，当时想至少也要死守停车场和庭院之间的院墙，但即便如此也无法在预算内完成，没办法只好放弃院墙的方案了。于是我们删除了院墙，对建筑平面做了些修改，打算就这样把方案确定下来。”

□□“这家的男主人其实从一开始就不怎么发表自己的意见，基本上都是太太在和我们沟通。但就在这时，男主人却破天荒地头一次表达了自己的见解：‘咱们这样把墙删除掉，建筑就更加显得孤零零的了，我觉得实在不怎么好看……’。”

□□“虽然当时的确是因为成本等很无聊的理由没办法才设计成这样的，但其实我心里也觉得不是很过瘾。如果根据预算的成本就只能建一个相对很小的建筑，但对于这么大的一块用地来说，确实有些可惜了，于是就决定重做方案了。现在回想起来，当时幸亏男主人及时把自己的意见反馈给了我们，要不然也不会做出现在这样比较好的设计了。”

□□“新的方案我们采用了L形的平屋顶建筑，并且利用建筑的体块来分割用地。”

□□“另外还做了几个类似的衍生方案，比如将L形的建筑压得细一些来减少面积以达到控制成本的方案；或者采用十字形代替L形来将用地分成四个部分的方案等等。”

□□“当时有些担心十字形的建筑会影响房间的日照时间，因为按道理来说平屋顶应该有比较好的日照效果，而十字形布置会产生相对较多的阴影。但用专门的软件进行模拟计算之后，发现虽然会受些影响，但也还可以接受。”

□□“于是，连同计算结果等内容，我们将这几个方案汇报给了业主夫妇。最终他们选择了这个十字形平屋顶将建筑分为四部分的方案，觉得这样的用地就应该多设置几个院子。”

□□有趣的是，在一年之前横沟先生初次和这对夫妇洽谈的时候，他就已经考虑过类似的方案了，甚至当时就画过这种将用地分为四部分的草图。“绕了一大圈，最终还是回到了最开始就有的灵感上——将用地分为四个区域布置。

培养业主的建筑修养
也是建筑师重要的课题

其实我一开始就想做这个方案，但业主当时对此不感兴趣，这次也是正好利用他们要求重做的机会，把这个方案拿出来再看看他们的反应。最后最难以定夺的就是屋顶的形状了。在我们摸索着设计了几种形状之后，最终向业主汇报了三种模型，一种平面的、一种多面体的、另一种是平滑的曲线的。”

□□“三种模型一拿出来，就发现男主人明显很喜欢曲面的屋顶，仔细端详了这个模型半天，这可能是第一次从他眼中看到的那种有心而发的光辉（笑）。”

□□“估计男主人决定放弃之前的方案时肯定特别紧张，因为这个决定要抛弃几乎之前所做的一切，可以说是一个倒退性的建议。但正是那种不吐不快的感情让他鼓起勇气表达出了自己的见解，并做了决断。最后男主人一边开心地笑着一边说：‘以后可以坐在这个屋顶的边上，甩着脚晒太阳！’要是没有之前的这些努力，现在就得不到这么满意的方案了。”

□□“最终，到了2011年10月才开始施工，从第一次见面算起已经有一年半左右的时间了啊！”

□□“对，这一年半实在是太考验人的耐力了。不过，这和需要爆发力的竞标或者竞赛相比，在精神压力方面倒是小多了。像这样的住宅设计，可以有充分的时间做足准备，并且在和业主你来我往的沟通过程中，我们都在不断地影响、改变着对方，可以说是一个共同进步的过程吧！”

□□“您是说这个过程不仅改善了方案，同时也培养了业主自身的建筑修养吗？”

□□“当然了！和业主一起成长，这不仅使整个设计过程变得非常有趣，而且在建筑交付使用之后，业主也可以更好地理解各个空间的用途，更好地使用建筑。比如他们说想在家里布置一个壁炉，于是我就告诉他们壁炉用的柴木里面经常会有蜈蚣之类的虫子，然后他们就撇撇嘴说那还是算了吧，明白了这些很亲近自然的东西并不是只有好的一面。甚至当他们入住之后，会发现某些只有住进去才能体会到的心得，渐渐地业主也变成了半个专家，再把他们的经验和体会告诉我的话，那就受益匪浅了。”

Presentation

case HOUSE

经过一年半左右的设计，最终确定了这个用十字形的建筑将用地分为四部分的方案。照片中是建筑屋顶的讨论模型，最终选择了这个由平缓曲面构成的屋顶。

方案从山间小屋的二层样式变成了十字形平屋顶建筑

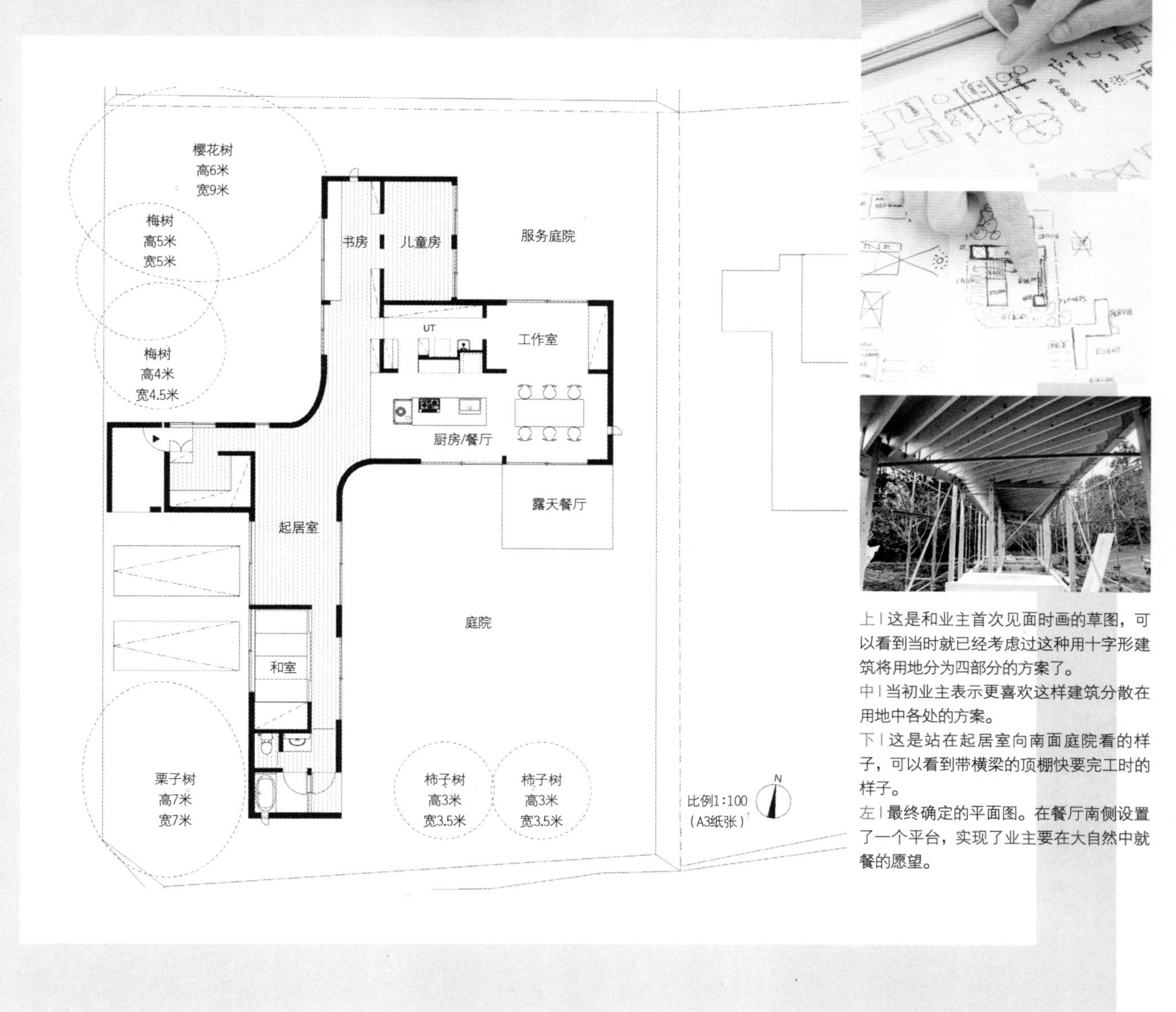

上丨这是和业主首次见面时画的草图，可以看到当时就已经考虑过这种用十字形建筑将用地分为四部分的方案了。

中丨当初业主表示更喜欢这样建筑分散在用地中各处的方案。

下丨这是站在起居室向南面庭院看的样子，可以看到带横梁的顶棚快要完工时的样子。

左丨最终确定的平面图。在餐厅南侧设置了一个平台，实现了业主要在大自然中就餐的愿望。

Favorite Things

梦幻般的世界城市博览会未曾实现的梦想?

“当时我在伊东丰雄事务所工作，负责主馆大厅的设计。我们同事之间玩笑的说博览会开幕的时候叫森高（千里）来参加吧，让她从天而降来到大厅里多棒啊！甚至连大厅屋顶怎样打开都规划了一下（笑）。”在森高千里活跃的1990年代，可能大家都会有这样的梦想吧。

被誉为iPhone前身及PDA师祖的苹果Newton及其外接键盘。“虽然不会再用到了，但这个绝对要珍藏好。”

MAC、《AKIRA》（漫画）、森高千里事务所里到处都有这些作为兴趣爱好收集的东西

这些都是令电子玩家垂涎欲滴的收藏品。比如当时被誉为苹果最小最轻量的超便携笔记本PowerBook Duo 230，插上外接配件后就可变身为一款台式机。左侧是一些在跳蚤市场收集的电子收藏品。

看似毫无关系的小物件
也有可能打动客户心

□□“有的业主还说就是因为我的书架上有《AKIRA》才把设计委托给我的呢!(笑)”

□□的确，坐在事务所开会用的这张桌子旁，很难不注意到横沟先生身后的书架。从创刊号开始整齐排列的《WIRED》杂志;《AKIRA》和碧娜鲍许的书籍;建筑杂志之间穿插着一些1980年代经典游戏的稀缺品。

□□“我特别地喜欢碧娜鲍许，只要她来日本演出我都会去观看。舞台上男人狂野奔放，女人阴柔唯美，完全使人沉醉其中，忘却日常没完没了的枯燥。演员的肤色体型也是各具特色，我非常喜欢像这样能彰显出艺术的多样性的东西。”

□□靠墙的架子上还放着收藏的Mac和游戏机、CD机等东西，旁边排列着森高千里的精选集和莫扎特以及布莱恩伊诺的CD，甚至还收藏着一些让人怀念的46分钟磁带。

□□“那些磁带是当初我在伊东丰雄事务所上班时参加一个在伦敦举行的展览会的现场录音。记得好像是1991年的事了，我去参加一个音乐节，我当时以真实与虚幻为题制作了一首混音音乐，里面有干砂流动的声音、敲击键盘的声音和电子合成的女声等，大概有15分钟左右，想表现一种将东京的时空搬到现场的感觉……”

□□“那时可真是个有趣的时代啊。”横沟先生苦笑道。

□□“记得刚成立事务所的时候，经常在工作的时候反复循环播放几十张CD。那时连iPod都还没有呢，现在总是舍不得扔掉这些了。”横沟先生一边说着一边翻出一些1990年代初非常珍贵的苹果产品。

□□不同于满书架的电子产品杂志和资料，事务所的窗台上摆着几盆迷你盆栽。

□□“养些植物能够很好地调节心情，虽然需要经常料理这些花花草草，但是偶尔考虑一下诸如现在的季节应该浇多少水之类的问题其实是很有情趣的。更何况这些赏心悦目的小物件还是挺招人喜欢的。”

□□虽然横沟先生没有说，但也许这趣味十足的办公环境也是横沟先生和客户交流的工具之一吧。

Ryuji Fujimura

藤村龙至

architect

从建筑到艺术、文化、评论
在众多领域都有杰出表现的藤村龙至先生
最为得意的交流方式
是让客户打开心扉的
顾问式交流
这是怎么一回事呢?

□□“我觉得建筑师可以分为两种，一种是‘预言家’建筑师，一种是‘顾问’建筑师。我可能比较倾向后一种。”藤村先生笑言道，“所谓‘预言家’建筑师是指那些会直接告诉甲方什么样的建筑就是好的建筑的人，他们会在设计过程中占据主导位置。而我一般会先让甲方说话，认真聆听他们的诉求，加以整理，再将这些结果以建筑的形式反馈给甲方。在和甲方商量的过程中渐渐寻找设计的要点，然后创作设计方案。”

□□顾问型建筑师也可以叫做“商谈”型建筑师，会在和对方不断交流的过程中不断更新整个设计，这个过程就像是在开一个研讨会，结果是未知的。而另一种“梗概”型建筑师则不同，他们的设计过程更像是做一场演讲，往往在一开始就已经把全部内容的梗概告诉大家了，所有人一开始就已经都知道结果是什么了。

□□“一般情况下，我不会在一开始就做出具体的方案，但是通常甲方也不知道自己喜欢什么。想住在什么样的住宅里？店铺选什么风格？大部分甲方并没有一个明确的方向。所以我会准备一些概括性的方案，和甲方一起讨论这个哪里好，那个哪里不好。这样经过多次接触之后，就可以逐渐理清对方的喜好了，然后再有针对性地根据这些喜好做出具体的方案。”

□□“这样就可以逐步引导甲方和我一起谈论出最满意的方案了，整个过程中我可能更像一名顾问的角色。但是话虽如此，在我任教的大学里，站在我面前的净是那些希望别人聆听自己意见的男生，而女生都去找那些单刀直入地告诉大家结论的‘预言家’老师了（笑）。”

□□“我独立之后的第一件工作是一个餐具店的设计。店主是个年轻人，也不知道自己的店铺应该是什么样的。于是我们俩就一起边学习边讨论着推进设计，可以说是典型的顾问型设计。”

□□“由于设计是两个人共同考虑出的结果，所以基本上不会存在由于误解而出现的失败。而且在这个过程中，我们相互启发对方的思维，想到了很多超乎自己想象的想法，充满了创造性。”

□□“从那之后基本都是采用这种方式进行工作的，但是在其中增加了一项重要的工作，那就是制作模型。”

□□“每次见甲方的时候我一定会做一个模型带过去，并向其展示和上次相比有什么变化，甚至可以观看从第一次开始到现在的全部演变过程。”

□□“从第一次开始每回见面都做一个新模型？那到了最后快完成的时候岂不是会有十几、二十几个模型？”

□□“对，因为这样可以很清晰地讲清楚想要讨论的问题点是什么，是由于之前的什么变化引起的，有利于双方保持统一步调前进。而且这么做可以有效地避免双方产生误解和无意义的返工，对方可以很好地把握应该把精力集中在哪里思考，我也可以更好地整理思路。”

□□这个方法很有效地解决了当我们同时面对很多问题时无从下手的难题，那就是将其“化整为零，逐个击破”。

□□“当然也要灵活地运用这个方法，比如没有必要每次都重做整个模型，只要把关键的部分做出来就好了，讨论的时候也要根据这些关键点列出一二三四，一个一个研究。我在刚成立事务所的时候就定下了和甲方见面开会的准则。”

□□· 每次一定要做模型，而且每次的模型要保持相同的比例，相同的制作方法。

□□· 每次做新模型的时候，只做一项更改。

□□· 不对方案进行横向发展，也就是不做A案、B案、C案那样的对比，专心做一个方案。

□□· 对已经决定过的事情，不进行返工。不能做着做着觉得还是恢复成以前那个方案吧。

□□“按照这样的准则，设计过程应该会很流畅。虽然因为每次只专注于解决某一项内容，看不出什么大的变化，但却不会出现由于问题之间的相互牵扯而停滞不前的情况，而且最后

通过和客户的交谈
勾勒出建筑轮廓
这就是“商谈”型设计

解决复杂问题的时候
最有效的方式
是一次解决一个问题坚实的前进

可以很清晰地看出来方案是如何一步步走向成熟的。"

□□而且这个方法的另一个优点是不必从一开始就决定方案的终点应该是什么样的。

□□"先把已经确定的部分一点一点地做出来，然后后面的部分渐渐地自然会迎刃而解。其实，这比先冥思苦想很长时间，等考虑清楚所有的事情之后再一股脑做出来要快得多。"

□□同时，因为所有的变化过程都是可见的，甲方就不会一会儿想这样一会儿想那样的左摇右摆，可以帮助甲方尽早消除迷惑和犹豫不决，认清自己的需求。

□□"另外，当进行比较大规模的项目时，通常和我们沟通的是对方公司的项目负责人。有时，项目本来进展得很顺利，但会由于他的上司突然提出了意见而进退两难。这时，我们就可以拿着所有的模型向其解释这个设计的推导过程，证明现在的结果是经过深思熟虑的，说服他维持现有的节奏继续深化设计，而不是推翻之前已经决定的事情。"

□□对于突发情况和一些非主观性变动，这种方法也有很强的适应性。

□□"比如那些由于预算或者邻里关系而产生变动的，虽然是在预计之外变化，但由于商谈型设计本来就是每次讨论一个话题，然后把相应的结果应用到设计中，这样一点一点形成最终方案的，所以只要把这些突然的变动当成一次普通的讨论题目就可以了。"

□□但是即便我们遵守了之前提到的所有准则，想要一点一点完成最终的设计也还差一个重要的条件，那就是一位赞同这种工作方式，并且乐于融入其中的甲方。

□□"和甲方讨论方案就像是请客人来家里吃饭一样。有些建筑师喜欢让客人在餐桌边坐好，然后直接把一道道完成的菜肴端上来和客人分享；但有些人喜欢先让客人参观一下厨房，让客人看到饭菜烹饪的过程，甚至会咨询一下客人关于口味的意见，是喜欢清淡一点的还是浓郁一些的。我当然是属于后者。(笑)"

□□而且，这样做的效果还是不错的，有些客户是慕名而来的呢。

□□"看来，商谈型设计方法是您设计的根本所在呢。"

Presentation

我交流的方式
顾问型交流

认真聆听客户的话语并加以分析、整理，再以建筑的形式反馈给对方，这就是藤村式“顾问”型设计

“方案刚开始的时候，主要是甲方在陈述自己的要求，我就是一边听着一边随手勾画着形体之类的。”“也就是说从一开始就需要甲方十分理解并配合这种工作模式，是不是您专门学习过专业顾问技巧？”“也没有，可能就是性格使然吧，其实我对专业顾问是如何工作的一点也不清楚……其实理解和整理对方所讲的内容也不是一件容易的事情。”

先和甲方强调一遍
“咱们按商谈型方式进行设计”

一起进行思考的话
就不会产生误会

特意预备了一种机制
可以防止犹豫不决的情形发生

遵循着设计的节奏
一步一步地坚实前进

首先
回顾一下
上次开会时
所讨论的问题

已经确定了的事情
现在该考虑的事情
感到迷惑的话
应该好好整理一下现在的状况

即使发生了突发状况
也不要担心
把它当成一次普通的讨论题目
融入原本的设计中就好了

“建筑学可以说有一半可以称为错误学，我们就是在不断地否认与错误中完善建筑的。但为了不重复犯同一错误，应该认真地对待这些错误。所以一定要做好会议的记录工作，每次都和对方认真地确认一遍讨论的结果。”

建筑师
属于艺术家
也有政治家的一面

□□藤村先生一开始其实是对城市规划感兴趣的，本科学的是社会工学专业。正好那时是刚开始地方分权运动的时期，他所属的研究室也正在进行城市规划相关的研究。“当时经常到社区去采访本地居民，并将他们的意见写在便签上，然后回来把这些便签整理一下，粘在宣传板上。也就是帮忙做了很多运用图形引导（一种利用文字和图片创建的谈话的概念图，以直接的视觉化效果来表达观念——译者注）的研究。当时虽然觉得用这种方法来提取当地人的需求很有意思，但对于如何把这些转换成空间和建筑感到很迷茫，觉得并没有什么好的方法来实现。”

□□“研究室的老师看到我对这些很感兴趣，就劝我去学建筑，所以考研究生的时候我就选择了建筑系。但我又发现其实建筑师喜欢的建筑和业主的需求也并不一定完全一致，于是我开始思考如何将这二者撮合到一起。最终我想到的方法就是跨过这个阶段，先把问题用造型表现出来，就可以同时看到建筑师的喜好和业主的需求了。”

□□“这就是为什么现在每回都要制作模型，来明确双方的立场和共识之类的。但现在主要都是在做住宅或者办公建筑，其实希望有机会能把这种方法用于公共建筑试试。这可能是今后要研究的课题吧。”

□□从2000年开始，大家都特别关注建筑和社会的问题，特别是公共建筑领域。现在是一个必须从长远的视角看问题的时代，我们必须认真考虑建筑和政治如何相互配合来改变这个社会。

□□“建筑师和其他设计师相比，需要和更多的行业协作来完成工作。所以建筑师虽然属于艺术家的范畴，但也有政治家的一面。因此我们必须学会整理各方的意见，并将其导向同一方向。”

□□“对了，藤村先生您好像就非常善于在会议中发言，经常不知不觉中就从设计师的角色变成了各方之间的协调员。”

□□“是吗？我都没注意到……可能是因为我经常有机会和研究社会学的人或者评论家一起聊天吧。也算是一种锻炼了。”

□□在现在这个时代，学会和其他领域的人打交道可以说是一种必修技能了。

沟通能力
和调整能力的时代

□□“让其他行业的人理解我们自己要做的事情有时非常困难。总有人跟我说你们建筑师说的话太难理解了，可有时并不是把语言说得浅显一些就能解决的。比如建筑师经常会提到‘内部和外部之间暧昧的关系’这句话，从语言本身来讲一点也不复杂，但听者往往不能理解的是建筑师想要传达哪方面的信息，也就是不知道建筑师关注的主题是什么。例如现在，如果你说一些关于环保或者沟通（此话题在日本关注度非常高，主要研究社会中人与人之间的关系所引发的问题——译者注）的话题，那大家就非常容易理解你的观点。”

□□由于这次的东日本311大地震将社会中各方面的问题都突显了出来，所以可以说现在的日本正需要善于解决沟通问题的人才。

□□“当然，我觉得任何时代都需要良好的沟通，沟通可以帮助你更好地解决问题，但沟通本身就成为一种问题的，也就是现在这个时代了。比如说现在我们要做一个公共建筑，要研究的问题并不是我们需要一个什么样的大厅之类的，而是根据街区现在的状况考虑我们是否需要一个大厅，我们需要的到底是什么？重新思考我们的需求和目的是一件非常有意义的事情。”

□□“像这样一点一滴地通过和各方沟通、研讨来创造建筑的方式，可以算是一种顾问型建筑设计方法吧？”

□□“对，这也是为什么我非常希望年轻建筑师当中可以多出一些商谈型建筑师的原因。只有当各行业的人一同协作，朝着同一个目标行进的时候，才能体现出沟通力和协调力的优越性。”

□□协调力就是2010年代的关键词！

□□“设计住宅的时候，常常会遇到夫妇意见不同或者父母和子女想的完全不是一码事之类的情况，简直就像是一种迷你政治问题。而协调这些矛盾就要看建筑师的手段了。（笑）”

Presentation

case HOUSE

2011年做的一件住宅设计。每次和业主见面都会做一个新的模型。右后方是第一次见面时做的，左前方是拍照时最新的模型。

通过观察每次模型的变更
可以准确地把握设计的进展
无论是建筑师
还是业主

这种每次只做一点变化的设计方法，有时会带来意想不到的好处。随着接触的次数逐渐增多，建筑师和业主双方都会逐渐找到沟通的感觉，会对意见的提出方式和提案方法达成一定的共识。可以说提高了双方的沟通能力。

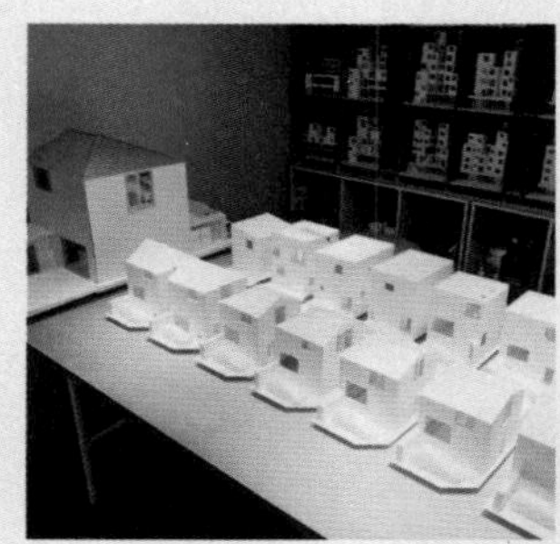

同一个项目的模型会采用相同的比例、相同的制作方法制成，而且每次开会都会把从第一次开始做的所有的模型都拿出来。目的是为了让业主和建筑师可以通过观察变更的过程和空间的区别来整理现在的状况。模型一般都是用PS板来做的，为了方便比较，一般不上色。左上|住宅模型的比例一般采用1/50，会在底板的背面写上日期和制作者姓名，制作的模型都会认真进行归档工作。右中|和业主开会的时候，会准备好这些模型和图纸，每次决定要做变更的地方会用红笔标出来，而下次再开会时会把变更前和变更后的图纸都拿出来，和模型一样用来确认两次之间的变化。

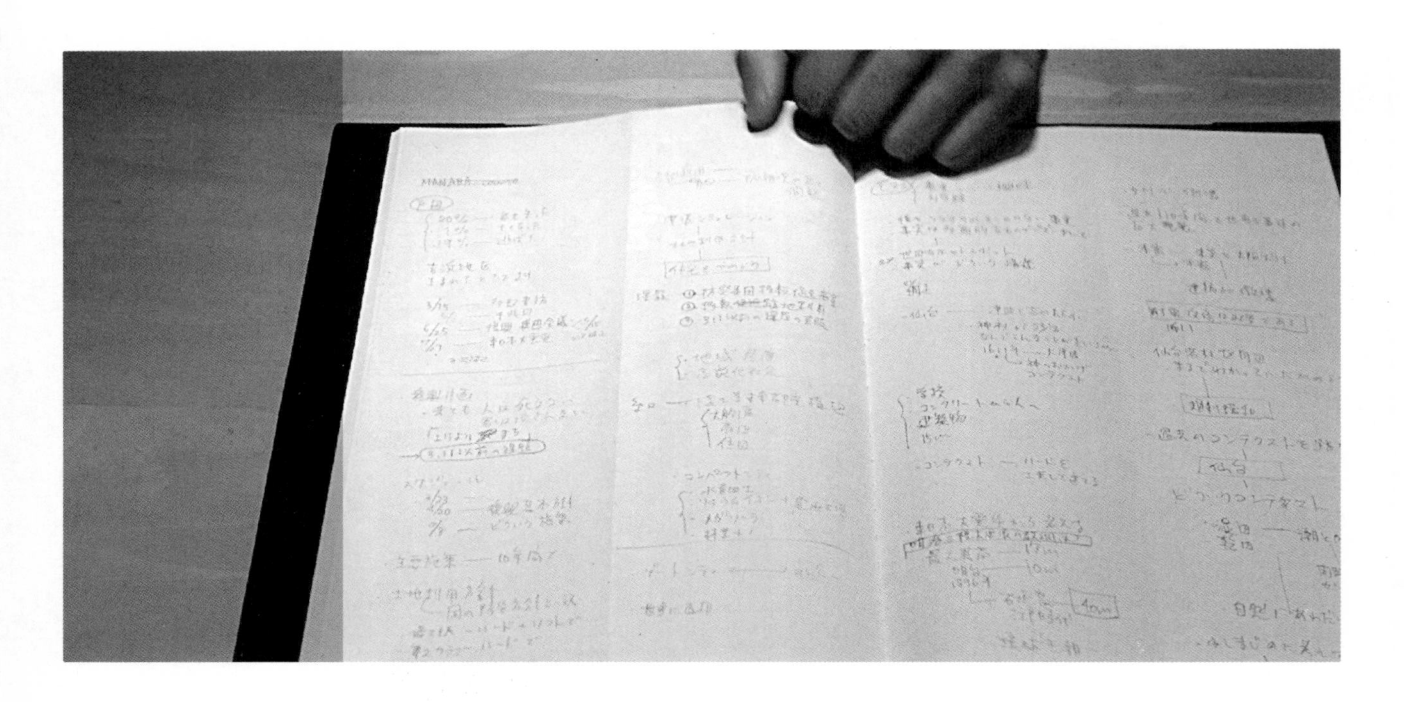

无论是参加学术研讨会
还是方案报告会
一定会认真记笔记

□□“我特别喜欢记笔记。一开始是上大学的时候上课总是犯困，就用记笔记来保持清醒，但后来渐渐地开始觉得记笔记很有意思，喜欢上记笔记了。于是无论干什么都喜欢写笔记，这个（照片）是我参加学术研讨会的笔记，一边开会一边就把谁说了什么速记了下来。”

□□笔记写本的中间折了一道痕迹分成两列，内容记录得既简洁又详细，有一种不属于速记的美感。

□□“记录下其他人的发言后，就可以对照着考虑接下来自己要说些什么，实用性还挺高的。”

不带感情、不带语气
像机器人一样
机械地说话（笑）

□□当我问藤村先生如何引导对方说出自己的想法，有没有什么秘诀的时候，他的回答让我大吃一惊："提问的时候不要加任何语气，要像机器人一样不带感情地说话。"

□□"在大学教课的时候，经常要给学生做设计指导。每次接待学生的时候都要像机器人那样反复地问一些诸如'你现在进展到什么阶段了？'或者'这里尺寸合适吗？'之类的问题。渐渐地我提问的语气也有些机械起来，没有什么感情和语气夹杂在里面了。但我发现以这样的形式提问之后，学生们反而觉得不那么紧张了，进而能够敞开心扉和我进行更多的交流。看来对话时营造一个轻松的氛围还是很重要的。"

□□"在那之前我也非常苦恼于和学生交流的问题，但现在我不仅在学校这样说话，在施工现场等场合也使用这种方法。有些工人很不善于和人打交道，我就通过说话的技巧营造一个轻松的氛围，效果很好。（笑）"

□□"您的这些说话的技巧是否也都是通过经验一点一滴地积累而来的呢？"

□□"对，我上学的时候说话声音很小，后来因为经常在台上发言、讲话就锻炼出来了，说话声音也大了，语调和句子之间的停顿也把握得比以前好多了，遇到老同学的时候他们都挺惊讶于我的变化。我经常会研究那些善于演讲的人特别是政治家或者企业家的说话方式，例如说话的节奏或者重音该放在哪里之类的，这些研究很有利于自己在人前发言时的技巧。"

□□"我还经常会和一些有很强个性特点的人同台发言，这时候就要好好考虑自己发言的方式了，要有自己的特点。当然，随着这种情况的增多，我的经验也越来越丰富了，自然而然地也就形成了自己的风格了，不光是说话的方式，也包括待人接物的方法等等。"

□□"看来建筑师的确需要全方位的发展啊，各种技能都需要好好训练。"

□□"对啊，比如跑步什么的……"

□□"跑步？虽说这是一种训练，但这和建筑师也有关系吗？"

□□"当然了，建筑师也必须有个好身体才行啊，做方案可也算是个体力活的，而且跑步也可以帮助你换换心情放松一下。更重要的是，跑步可以让人更有毅力应对工作带来的那种紧张和压力。我就经常和员工一起从事务所（位于涩谷）跑到世田谷公园再跑回来。"

Interview

Takaharu + Yui Tezuka

手塚贵晴 + 手塚由比

architect

蓝色衣服和红色衣服。基于模型做设计。
留有余地才有广阔的空间。
坚持自己独特方式的
手塚贵晴先生和手塚由比女士。
他们的汇报哲学是“人格魅力”。

□□“参加竞标若拿不到一等奖，就实在没有什么价值可言了。不过，话虽如此，我们可是‘收集’了不少的二等奖呢（笑）。”

□□手塚贵晴女士从一开始就精神饱满地谈论起以往的经验。

□□“之前参加新潟县的松之江项目竞标（越后松之山‘森林学校’）拿了一等奖，要说从中学到了什么，那就是竞标的文本一定要精炼些，不要过分的详细。其实这次交文本之前由于电脑的故障，很多成果都丢失了，时间来不及就赶紧准备了一个简单得有些不可思议的东西交了。结果，大家的评价却非常好，说是让人眼前一亮、神清气爽的文本。可能正是这种极致的简洁才让人感觉背后隐藏着什么了不起的秘籍吧。真是歪打正着了。”她开玩笑似地说着。

□□“反而获二等奖的作品做得非常详细，详细得都有些过度了，连使用木材的数量和预算什么的都给了出来。但有时越是这样完成度很高的作品，越容易让人怀疑。评委会在心里打个大问号，怀疑数据的说服力。这样的事情已经屡见不鲜了。”

□□贵晴女士自己也经常要做评委，所以很了解评委的心思。“我个人认为，评委还是会喜欢那些有发展性的方案，会选择那些留有一些修改空间的方案。因为评委会觉得这个方案虽然还有一点欠缺的地方，但要是稍微加工一下就肯定能成为非常了不起的作品了，给他个机会让他完善吧。和这样的作品相比，那些优等生式的作品，反而有些乏味了。所以，很多研究生也不愿意做那种把所有问题都解答出来的优等生，觉得那样做会让人感到厌烦。”

□□“即使稍微有些漏洞也没有关系，但你一定要把自己能为这个项目带来哪些贡献说清楚。”贵晴女士很客观地说。

□□“比起夸夸其谈向人展示自己这也能行那也能行，不如脚踏实地说自己的方案绝对是优秀的，请您一定要采纳。这两者给人的印象完全是不一样的。所以一定要搞清楚说话的分寸，即使这很难做到。”

□□关于讲话时具体的方式，由比先生的观点很有参考价值。

□□“首先，不要想这想那的犹犹豫豫，先把要说的重点简明扼要地全都讲出来。要把重点放在‘传达观点’这件事上，总想着把脑子里所有的事情都讲出来反而容易紧张，反而表述不清楚了。甚至说都不要管什么逻辑性之类的，专心于要传达的内容就好。不要担心会不会有遗漏忘记说的地方，没有那么重要的，有那么几个地方没有讲到也不会有太大的损失的。”

□□就是这样的手塚夫妇，获得了很多住宅设计的委托。

□□“住宅设计时，客户会来我这里听我汇报，这时候的交流就是要想办法‘拉拢’客户成为朋友（笑）。”

□□首先就是要做很多很多的模型。在方案一开始的时候，做一、二百个模型也不嫌多，把它们都铺在事务所的地板上的话应该能铺满了。

□□“在此基础之上，把自己觉得好的方案选出来，再做几个比例大一些的模型。给客户介绍的时候应该按照自己的设计思考过程把模型全部拿给客户看。可以说‘我一开始是这样考虑的，后来发现还是这样更好一些’。这样可以让客户明白‘哦，原来如此啊’。首次接触客户的时候，先不要纠结那些具体的事情，首先要为客户编织一个美丽的梦想。”

□□“这时候就不能用建筑师的语言和客户交流了。我经常对学生们说一定要用对方的语言和对方交流。比如要用‘如果游戏室是圆形的话，小朋友就可以在屋子里面绕着圈跑来跑去

即使能有好的想法好的造型
若没有“人格魅力”
也成为不了优秀的建筑师

不用把记住的东西全部说出来
把精力集中在“传达”这件事上
把重要的事情简明扼要地讲述出来就好

了’这种谁都明白的话，仅对内容进行说明。”

□□另外，要是希望讲话不要像个建筑师那么难懂，希望用一般人都能明白的语言交流的话，就一定要有丰富的生活经验才行。

□□“这也是我们事务所的一个特点。虽然大家都非常忙，熬夜之类的是常事，但我经常劝大家都尽可能早点下班回家。你看现在是晚上9点了，坐在那里的员工（指着旁边的一个空位子）特意回家去陪家人吃饭了（笑）。这样的工作室很少见吧。努力工作自然是很重要的，但如果人生中只有工作没有生活了，就不明白一般人是怎样思考的了，这是非常恐怖的事情。”

□□手塚事务所里，员工有时会聚在一起去烧烤，每个月还有生日聚会，甚至成立了一支足球队。夏天会组织大家骑自行车去富士山郊游，晚上加班后大家会在事务所里小酌几杯。

□□“自己都不知道什么叫幸福的人是无法为其他人提供幸福的，自己不健康的人也无法设计出健康的建筑。业余生活是否丰富多彩对工作也有直接的影响。”贵晴女士这样说。

□□“比如有个学校要建个游泳池，你要是和对方说‘我以前就是游泳部的’便可以顺利展开对话。或者说起健身房的时候，我们就可以说‘我们事务所里还有一个90公斤的健身器呢’（手塚事务所确实有）；要是谈起音乐的话，我可以和对方说‘我现在正在学习钢琴呢，其实小时候就学过，五年级的时候放弃了，现在先想回到当时的水平啊’。虽然都是些可有可无的话题，但至少可以拉近和对方的距离，这也是非常重要的事情啊。”

□□可见，重要的是培养“人格魅力”。

□□“其实拥有奇思妙想、能设计出很好的造型的人有很多，但他们不一定都能成为一名优秀的建筑师。他们所欠缺的就是遇到那个将你的设计变成现实的人，以及用言语打动这个人的能力。所以说，没有‘人格魅力’的话是无法成就一番大事业的，换言之就是无法与他人交流的人成为不了优秀的建筑师。”

Presentation

case Construction model

手塚建筑的要点就是模型。从个人独栋住宅到美术馆和学校等都要做到“不管怎样都要把模型做出来，用手去感受空间和建筑”，贵晴先生说道。

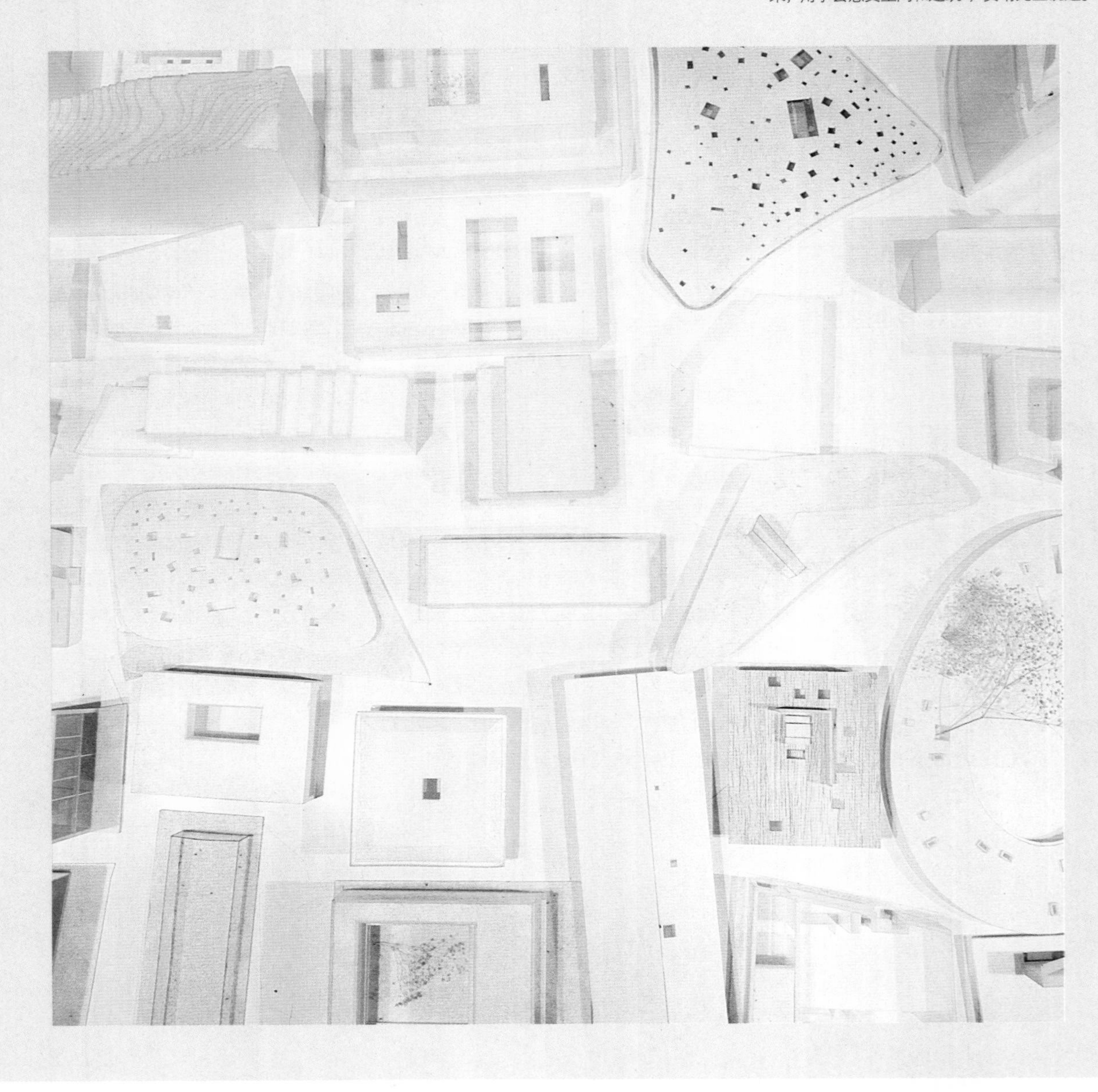

建筑就是创造空间
模型是一种可以把握真实空间的手段

上2张丨上面方形的建筑是“屋顶之家”（2001年），屋顶采用木制甲板设计，将厨房和浴室安排在了这个屋顶上；椭圆形的模型是2007年竣工的“富士幼儿园”，椭圆周长183米，建筑内部用家具来做隔断，柔和地分割了空间。

右上丨这个是为一栋个人住宅方案做的一套模型。做住宅方案有时会做出100个以上的草模。

自己就是自己
在你模仿他人的那一瞬间
你就失去自己的价值了

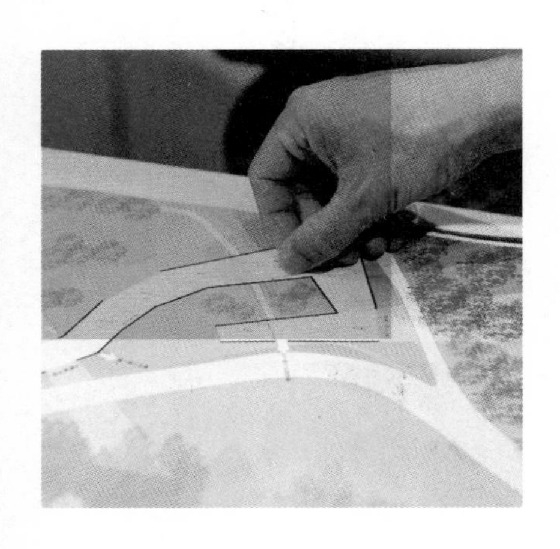

□□“对于别人的汇报方式我完全没有什么兴趣，虽然这也许是我的一个缺点（笑）。当然我也知道他们之中有很多人都是非常优秀的建筑师，但是我觉得每个人都有自己的特点，没有必要去模仿其他人是怎么做的，也谈不到向谁学习之类的。自己就是自己，在你模仿他人的那一瞬间，你就失去自己的价值了。”

□□贵晴先生一直坚持着自己的路。

□□“自己独特的介绍方案的方式和汇报技巧等，都是在上学时就开始一点一滴地积累而成的。自己独立成立事务所的时候也下定决心要坚持做自己的建筑，要按自己的方式处理工作。对了，我这里的员工对我汇报方案的方式都非常清楚……宏亮你来一下”说着，贵晴先生叫来了事务所的老员工铃木宏亮，他从学校的实习期开始就在这里工作，可以算是元老级员工了，对这里的工作方式非常了解。

铃木：“制作模型就是在制造空间。现在利用CG来做汇报的人非常多，但手塚事务所一直坚持用模型来表达，将真实的空间展现在大家面前。无论是多大、多小的项目，甚至在做街区规划这种大型模型的时候，也要将每一个单体建筑的模型尺寸计算得非常精确。不同于电脑的画面或是画在纸上的透视图，也不同于脑中想象的空间，模型做出来可以亲眼看到非常真实的空间。这可能是手塚事务所做汇报最重要的一个特点吧。”

手塚：“虽然利用CG技术可以创造出无限可能的东西，但我们认为更重要的不是这种漫无边际的东西，而是那种触手可及的真实。越是在创造新的事物的时候，就越需要在现实存在的真实世界中去探寻，往往答案就在这种现实之中。就像《青鸟》中所讲述的一样，答案并不在那遥远未知的神秘国度，而就在自己的卧室之中。所以，建筑师为了找到自己的‘青鸟’，就不要受其他诱惑，先从身边探索起来，先把模型搭建出来，用自己的双手去感知空间。”

铃木：“另外，还要有些‘爱钻牛角尖’的精神（笑）。比如这个模型，我们不仅把外面看得到的地方表现了出来，还把里面看不到的部

我的关键词是
“现实”和“狂热”

分也制作了，就像一个真实的建筑一样。虽然可能业主都不会注意到这些……但总觉得功夫下到这个地步，设计出来的东西肯定还是不一样的。”

手塚：“说是爱钻牛角尖，其实是对工作的一种狂热的追求，追求那种极致的真实，虚无的东西是无法让人着迷的。遇到什么问题了，就要不停地钻研不停地突破，不这样是得不到想要的答案的，所以我一年到头就是在不停地探究这些东西。”

铃木：“我们还会发大量的邮件来讨论。”

手塚：“对，特别是有了iPad之后，这个实在是一个非常有用的工具。要说到底发了多少邮件的话，也不好统计。就拿现在正在做的方案来说吧，1、2、3……昨天一天在方案组内部就发了18通。回复基本都是即时的，就像篮球一样‘啪啪啪’地出去又弹回来。”

□□说到这，铃木回去继续手里的工作了。贵晴先生笑了笑说道，“看来‘现实’和‘狂热’是我的关键词呢。”他也的确一直坚持着这种汇报的手法和自己的本质。

□□“所以，我设计的建筑的风格也没有太大的变化。也经常有人问我下次要做个什么样的建筑。但作为建筑师来说，不可能像魔术师那样一下从帽子里变出个兔子，一下又变出了个鸽子来。设计风格的发展是有的，但并不是每次的设计都有什么翻天覆地的变化。”

□□“那针对不同的评委或是业主，会不会因人而异地制定不同的汇报策略呢？”

□□“哦！，这个是没有的。总是不管三七二十一就孤注一掷地一冲到底，虽然也知道应该有所区别地汇报，但性格使然也没有办法，宁为玉碎不为瓦全。”

□□“那真的玉碎的时候……”

□□“也只能喝点酒就让它过去吧，把它抛在脑后，不再深究了。一想到竞标落选了有时候连觉都睡不着，一看到当时准备的资料就胸口发闷，所以就只当什么都没发生过。就算开个反省会什么的也于事无补，不如选择性遗忘了吧。”

Takaharu's Voice

娱乐和工作同样重要
鼓励大家体验丰富的业余生活

每天晚上不到十点就有很多员工回家了，因为我一直告诉他们要尽可能早点下班回家。我认为作为建筑师，“人格魅力”是不可或缺的，也就是作为一个完整的人的魅力。所以不光要勤奋工作，也要培养一些业余爱好或者经常去做做运动什么的。

右上 | 建筑界内都知道手塚夫妇是蓝红配。从手表、衣服等自然不用说，甚至名片上的字都是蓝色和红色的。“就算是必需品，要是没有蓝色的了我也不买。”

左 | 被贵晴先生叫来的铃木先生（现在已经独立成立事务所了），他向我们介绍了作为员工是如何看待手塚事务所的汇报方式的——“就是要钻牛角尖，制作模型来追求空间的真实感”。

Yui's Voice

励志成为建筑师的学生们请注意 能留给人好印象的作品集是什么样的?

经常评审学生作品集的由比女士说:"和建筑的设计一样,比起那些繁杂的作品集来说,结构简单易懂的作品集更加讨人喜欢。比如在一张页面上只安排一张图片,只传达一条信息,让人一眼就能明白的东西比较能留给人好印象。当然,也不是禁止在一张图面上传达很多条信息,只是这时候就一定要好好考量自己的排版了,一定要让人一眼就能知道这张图在说什么。在汇报的时候也许会很紧张,我也有很紧张的时候,一开始可能连话都说不出来,所以一定要把关键的要点用简单的语言概括出来。另外,讲话的时候一定要提醒自己,要看着对方的脸说话,这样才能打动人。"

即便是做景观设计
也要认真做模型
含有“时间轴”的设计

□□“做景观设计的时候我们也要把模型做出来。在做位于箱根的‘雕刻之森、网络之森’设计时，做了几公顷用地的模型，连树都要表现出来，再用手绘了一些效果图。”

□□“其实景观空间的设计和建筑设计还是有些不一样的。”贵晴先生说道。

□□“感觉建筑是一种很理性的东西，做得要非常严谨。而景观要感性一些，要考虑怎样才能设计得和谐一些。比如这里原本有什么样的植物，要用什么样的植物才能与其相配。两者的创作意识完全不是一回事。”

□□在做越后松之山这个项目时，手塚事务所和专做景观的专家一起合作完成了设计。

□□“真是挺困难的，因为要思考的事情都是‘40年后会变成什么样子’之类的。汇报时用到很多意向的照片，一边说‘到时候树会变成这样大，山会变成这样的景色’一边展示给大家，还要隔一段时间就一起去山里实地考察一下。”

□□不过，建筑的设计其实也要考虑这些“时间轴”的概念。

□□“竣工并不意味着建筑达到了完成的状态，人们开始使用建筑之后，还会对建筑做着一点一点地调整。特别是住宅，房主住进去之后对建筑的改造有很高的自由度，他们会慢慢地改善建筑，这也是非常有趣的一件事。实际上，我们事务所做过的住宅设计有将近100项了，到目前为止还没有一个项目被改造过；当然，要除去那些做设计时就计划好的改造。也没有一户人家因为不喜欢我们的设计，搬家去别的设计师设计的房子居住，大家住的都很开心。这一点也很让我们欣慰。”

□□“而且，有很多客户因为对我们非常满意，还要介绍朋友来我们这里。作为对业主的回报，我们也经常去业主家里回访。有些业主和我们还成为了朋友，没事还会去他们家里吃吃饭，一起聚会一下，我们很喜欢这种关系。说实话，我们自己设计的房子，每一栋我们都很喜欢。我们时刻谨记着‘给别人设计的住宅，如果自己都没有住进去的冲动的话，那就是辜负了别人对自己的信任’。”

“我从小就喜欢绘画。虽然有点自吹自擂的嫌疑，但我从小就挺擅长绘画的，小学3年级的时候就有大学生的水平了。”贵晴先生说道，而且这绝不是夸大其词。“上大学的时候，我创新出一套手绘效果图的方法，还教给了身边的同学，渐渐地我的手绘图还算小有名气了。于是，低年级的学生就背着我悄悄地编了一本书，叫做《手塚效果图的画法》，我从国外回来的时候，他们已经把书出版了（笑）。”这本传说中的书经过修改后就是现在的《手塚贵晴手绘效果图》（彰国社出版）。

在学生时代就已被收录成书的
传说中的“手塚手绘效果图”

Column

喜爱自行车的建筑师

因为轻便？
因为帅气？
喜欢自行车的 7 位建筑师
现在揭晓

Takaharu Tezuka
手塚贵晴

ORIGINAL

车架 -CHERUBIM
曲轴、链条 - TA Cyclo Tourist
变速器 - Huret Jubilee
车轴 -Exceltoo大号法兰
刀圈 -Super Champion
把立 - NITTO PEARL
车座 -BROOKS
刹车 -Mafac公路竞速款

Makoto Tanijiri
谷尻 诚

ORIGINAL

死飞自行车（照片）
车架 -UMEZAWA竞技款

Akihiro Yoshida
吉田明弘

DOPPELGANGER®

Manabu Chiba
千叶 学
CHERUBIM 旅行自行车
TOEI 旅行自行车
MANON 公路自行车
EVEREST ESPRIT
HOLKS 公路自行车
COLNAGO MEXICO
TREK madone SL
COLNAGO EXTREME C
LOOK 565
COLNAGO EPS
TIME RXR ULTEAM
Kazuhiro Kojima
小嶋一浩
Lamborghini 意大利款
Kensuke Watanabe
渡边健介
PEUGEOT Pacific-18
Yasutaka Yoshimura
吉村靖孝
BRUNO SKIPPER

所需求的 KEY
技巧 FACTOR

竞标可以分为两种
这是我在经过无数次
竞标失败后
才得出的经验。

抓住身边那些理论派
和他们练习辩论的技巧
一定对你今后的发展有很大帮助

并非从名字
而是从行为思考
创造才是真正的姿态

自己主动意识到能够完成某事时
这时的他已经成长

只提出“原理=规则”
而这也仅仅是使建筑成型的基本构成因素
然后与客户共同思考

不论什么时候
感觉自己都在思考建筑框架的形成

在进行设计讲演时
头脑会比平常快速运转几十倍

评委提出的尖锐问题
有时也是出于好意

Interview

Akihiro Yoshida

吉田明弘

architect

与大野秀敏
一起成立 A.P.L. 设计工作组
在屡战屡败之后
总结出竞标的本质：
“不直接提出自己真正想要的提案”
这样颠覆性的技巧

□□“竞标可以分为两种，这是我在经过无数次竞标失败后才得出的经验。”吉田先生冷静地分析着本没有什么规律可言的竞标技巧。

□□“一种是注重设计质量的竞标。这在国外很常见，在国内也有一些不需要业绩资质就可以参加的自由竞标就属于这种类型。另一种竞标其实是在筛选设计者而不是他们交上来的方案，学校和市政府竞标等多是这种类型的。前者是靠设计的新颖和冲击力等一决胜负，就像过节时放的礼花一样，谁的最漂亮最大谁就获胜了，那些无法给人留下深刻印象的自然是无法过关的。在汇报时评委只注重方案的质量，就算你说得天花乱坠也对竞标结果没有什么影响，所以汇报的时候保持一个轻松的心态就好了。”

□□后者就完全不一样，考量的是设计者的思维模式和技术。

□□“如果没有严谨的解读竞标任务书，没有抓到触动对方心弦的课题的话，是不可能赢得竞标的。但话虽如此，这样就会出现大家都拿出差不多一样的方案来的情况，所以能不能发现别人没有注意到的关键点就非常重要了。”

□□即便是同样的竞标，也有各自不同的着力点。在参加竞标的时候，必须要仔细分析出这次是属于什么类型的竞标。

□□“我们以前就不会判断这二者之间的差异，有时甲方分明是追求务实的公共团体，我们却拿出了设计感过强的方案，结果当然是不停地落选了（笑）。在不断地失败之后终于获胜的是‘福岛县伊达市的保原小学竞标’。这是一个‘挑选设计者式’的竞标，参加的事务所也都是业内的强者，我们也是好不容易才获胜。”

□□“那次的竞标有不少评委是学生家长和当地居民，在我们获胜的时候他们也非常的高兴。”吉田先生回忆说。

□□对于学校设计的竞标来说，与其费力向大家介绍用地内那些专业性很强的东西，不如说些诸如景观如何漂亮或者学生安全性如何保障等问题，要把重点放在建筑是如何在地域中发挥作用的。

□□“对于居住在当地的人来说，新建筑意味着要破坏已经看惯了的街道景观，所以他们的意见非常的重要。在汇报的时候，一定要讲清楚学校完工之后有哪些变动，可以怎样使用等等。”

□□“至少要先把学校投入使用后热闹的景象展现给大家，让大家觉得这个设计能够给人们带来快乐。”

□□“随后，我又向他们介绍了建筑北立面的设计。”

□□“因为我是在北方的郡山市上的大学，所以对同样位于北方的福岛县的冬季气候非常了解。冬季不仅天气寒冷，风也很大，建筑北侧很容易堆积被风吹来的落叶之类的。所以北方的建筑通常都要把北侧封闭起来。但是这所学校北侧是国道，当地人一般都是看到学校的北立面。所以我们特意在北侧设置开口，并使用了大面积的玻璃，将公共空间尽可能地开放，甚至可以透过建筑看到里面的运动场。”

□□“也正因为我们在北侧设置了开口，使得北立面有了凹凸不平的变化，反而不容易堆积落叶了。”

□□“另外，这种设计也可以拉近学校与当地人的距离，这一点非常重要。在‘池田小学事件’之后，学校经常被设计成完全封闭的场所。但我认为与其过分的增加学校与社区之间的隔挡，不如让整个社区成为学校的看护者。就像我之前获胜的一个竞标一样，那是福井县靖江市的一个小学的设计，我们获胜的方案可以让当地人很轻松地接近学校。比方说有个老奶奶在学校旁边散步，当她看到学校里玩耍的儿童时，她就会感到很放心，因为有可能她的孙子就在其中呢，像这样在学校旁边‘站岗’可就变成了一种乐趣了。当‘站岗’的人越来越多时，他们实际上就成了学校的守卫者，保护了学校的安全。”

景观、安全性等
都是社区环境的关键
一定要站在当地居民的立场来认真对待

虽然在汇报的时候我只字未提
但我真正想做的
是希望这个通道
可以成为这所学校的地标

□□“像这样多介绍一些当地居民能听懂、感兴趣的内容可能是我们获胜的原因之一。我们所做的不仅仅是用地内的建筑设计，而是站在人性的角度出发做出的设计。诸如安全性等问题是非常敏感的，当地人很容易看出你是不是站在他们的立场在考虑。如果你考虑得很周详，他们自然会在日后给你很高的评价。”

□□这时，吉田先生好像突然想起什么似的，换了一个话题：“对了，给你们介绍一下从校舍通往室外的通道设计吧。”

□□“我们给它起了个名字，叫作‘绿色天空走廊’。是一个用防护网围合而成的通道，简单来说就是一个防护网的隧道。”

□□“像这样操场比较小的学校，通常会为了防止棒球砸碎玻璃而安装防护网，但我们觉得就那样在校舍前面竖起一道防护网有些太无聊了。”

□□“首先，我们想沿着校舍设置一圈回廊，让学生可以在这里来回追跑，到各种教室去探险，让小朋友把活泼的天性发挥出来，让他们交到更多的朋友。然后，利用这个回廊形成防护网，这样就可以做到一石二鸟了。但这样做显然不容易说服评委们。”

□□“于是，我们将这个回廊解释为室外避难通道，是一个在法定的室内避难楼梯的基础上附加的安全措施，利用这个回廊可以直接跑到操场上，这样就更安全了。”

□□“另外，这也可以成为学校的一种地标，很多学校都有这种地标，比如钟楼和百年古树什么的，象征着学校以往的历史和记忆。作为一名建筑师，我们也可以考虑为学校设计这些东西。如果在这个回廊的防护网边种一些藤蔓类植物，就可以形成一个绿色的通道，这完全可以作为一个学校的地标了。而且，这样的地标还真是很有特色的，我都没怎么见过。”

□□“话虽如此，如果仅仅和评审委员解释这条绿色通道多么生态什么的，恐怕是不能打动他们的。因为评委里肯定有学校的管理人员，他们听到需要种植藤蔓植物肯定会想一些很具体的事情，比如需要专门雇人来照看植物、落叶的清理也要花费人力等等。”

Presentation

case 福岛县伊达市·伊达市立保原小学

招标者是福岛县伊达市，内容是一个小学及儿童福利院。完成于2012年春季。
设计/大野秀敏+吉田明弘/APLdw

这是最终汇报的方案。右/在中央最醒目的位置是建筑整体的图像，比起那些很专业的说明，不如用这样很直观的CG来表现人们以后在建筑里活动的景观。下面的立面图是北立面，打破了北方建筑的传统，设计了很多开放的开口。

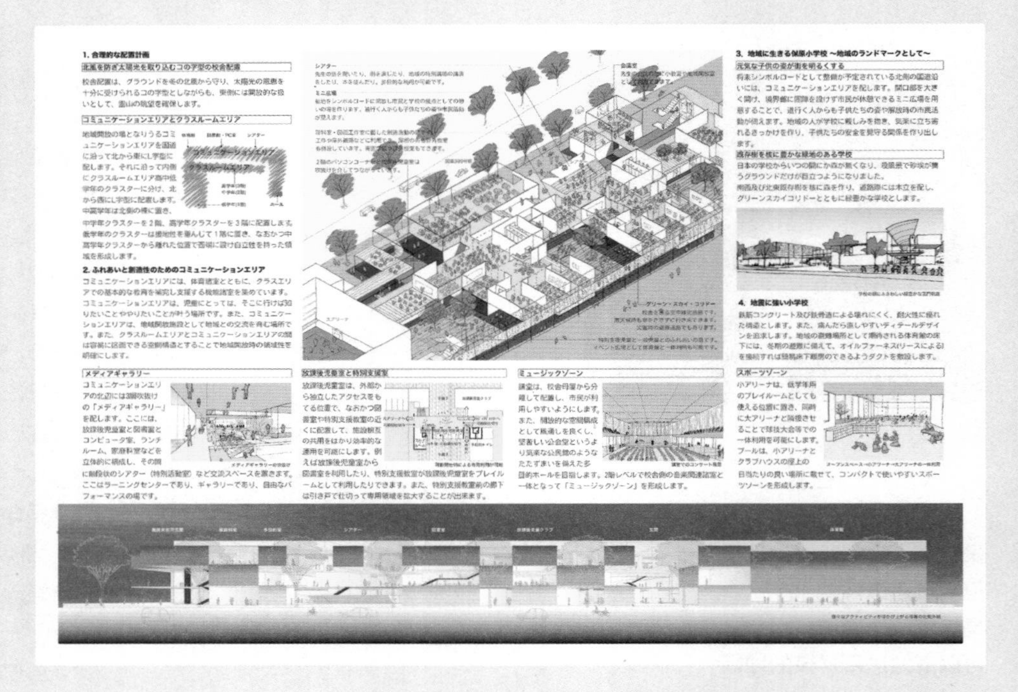

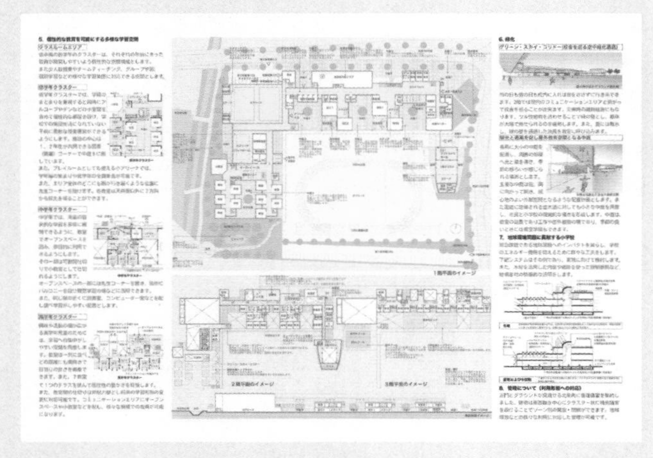

左 | 平面图。采用了不分年级的开放式布置，可以根据高中低年级的各自情况来灵活变换。在右上角用了一些篇幅来说明吉田先生最希望实现的“绿色天空回廊”。

模型是分为几个部分做的。在右上的那张照片里，前面那个用透明材料做的就是用防护网围合的室外回廊，也就是“绿色天空回廊”。如果在这里种植藤蔓植物的话，这个廊道就会成为一个绿色廊道了。

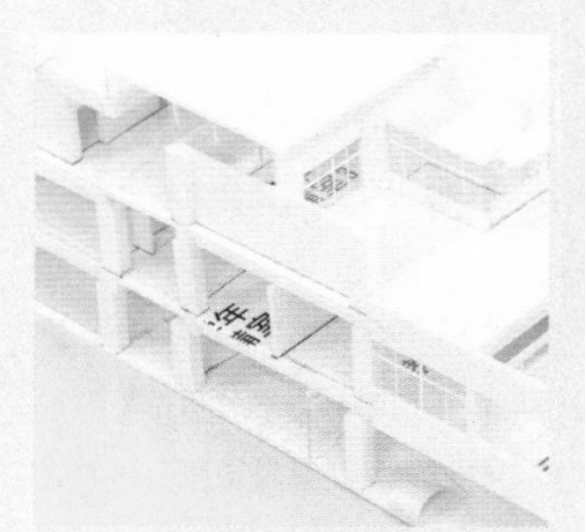

左丨这个展板是用于讨论建筑北立面色彩的，也就是在竞标获胜后才制作的。这个配色方案的特点就是在悬挑的下面使用了鲜艳的黄色。吉田先生说：“其实本来是因为黄色很鲜艳而选择的，但提出这个方案的时候，为了让大家更容易接受这个提案，我们就说是因为黄色是这个城市的代表色才选择的。”因为建筑的北面是国道，所以这个面可以说是建筑的颜面。设置凹凸不平的开口不仅可以抵消大风带来的负面影响，还可以利用这些黄色的悬挑来增加建筑的明快感和亲切感。

如果竞标失败了
就会向获胜的人要一份作品的复印件
仔细研究
他们的优势是什么

□□“所以在向评委汇报方案的时候一定要掌握好方式方法。首先要强调这个是一个具有功能性的防护网，是必须要设置的，并且正好可以在防护网里面架设一条回廊来增加避难通道的选择，提高学校的安全性，一举两得。我们真正最想做的绿色通道的事情，要在最后以补充的形式提出来，可以这样说：‘而且要是种了些藤蔓植物的话，还可以形成一个绿色通道呢’（笑）。”

□□这个战略的思路是这样的：先让大家可以放心的接受这个提案，然后这个提案又正好可以造就一个学校的地标。

□□“汇报的时候不要以绿化为重点，这些事情要等竞标获胜之后再提，到时候可以说这个绿化的提案可以增加学校的特色。”

□□“等于不要直接说自己的实际目的吗？”

□□“对，直接说出来的话，有时候反而就做不成了。因为一旦被否决了就没法再提了。”

□□一定要找到一条确保自己的目标可以实现的“道路”。

□□“甚至建筑刚建成的时候没有做绿化都可以，仅仅是亮晶晶的防护网通道就已经挺帅气的了，基本已经满足了。绿化的事情其实什么时候开始都可以，等将来遇到一位对此感兴趣的校长上任，我们的梦想不就实现了么（笑）。”

□□吉田先生会采用这样的方法，也是受到了周围许多演讲高手的影响。

□□“如果竞标失败了，我就会向获胜的人和评价很高的人要一份他们作品的复印件，然后仔细研究他们的优势是什么。通过大量分析，我发现那些有实力的人不仅是方案做得优秀，更主要的是他们非常重视对标书的分析，绝对不会出现背离标书的设计，就算是造型上再怎么创新，也一定是以标书的某些条目为依据而设计的。”

□□另外，有些很棒的方案在中标建成后却让人大失所望。

□□“因为在很多情况下，设计不得不为预算让步，建筑师与心中勾画的那个梦想最终只能越来越远。”

□□因此，我们就一定要为自己的设计找到不可动摇的理论支撑，思考出有说服力的理由，

抓住身边那些理论派
和他们练习辩论的技巧
一定对你今后的发展有很大帮助

制定出让最终方案能够按自己的意图发展的策略。

□□“不这样做的话，梦想是不可能实现的。建筑界实际上非常弱势，就算你在界内有些名气，甚至上过杂志什么的，在外界看来你也没有什么了不起的。方案最终是什么样还是要听业主的，不会让建筑师想怎么做就怎么做的，建筑师在业主面前没有那么大的影响力。”

□□另外，吉田先生身边就有一位对他帮助很大的辩论高手。那就是他在1990年入职APL综合设计事务所时的上司、2005年与其共同成立APL设计工作室的建筑师大野秀敏。

□□“和大野那样的超理论派在一起工作真是学习到了很多。一起讨论事情的时候他就像机关枪一样说出很多道理来，所以我只有不停地练习辩论的技巧来反击。不管是学生还是年轻的建筑师，我觉得都应该多和这样的理论派聊天，总能学到很多东西。如果今后遇到比较大的项目，就免不了要和各部门领导讨论方案，那时就会用到你锻炼来的辩论技巧了。”

□□还有，要把握机会去结识那些会批判你的作品的人，可以直言不讳地与你交谈的人。

□□“我在汇报之前总会先做最坏的打算。思考如果被否定了要怎样应答，如果对方为难我的话我怎样应对等等，会做很多这样的练习（笑）。虽说这样做有些过于悲观了，但的确有助于我对汇报的准备，绝对不是毫无道理的。”

□□看起来吉田先生是一个在辩论中绝不服输的人，但他也有不为人知的另外一面。

□□“有一次要和其他专业的人一起工作，开会开了无数次却迟迟没有什么进展。甚至怀疑对方是不是在故意为难我，当时很生气。但突然在某个瞬间我意识到，我们对彼此的专业知识一点都不了解，这样继续讨论下去当然不会有什么结果。于是赶紧回去补习对方专业的基础知识，虽然只是一知半解，但那之后的会议就有效率多了。其实只是用了一些对方专业的专业词语来讲话，但不知怎么的就好像忽然通顺了一样，对方可能也是那时候开始对我敞开心扉，愿意接受我提出来的一些建议的。现在回想起来，其实还是交流上出的问题。”

想要赢得投标
就必须要不断参加竞标
首先要以数量取胜

□□“如今，如果不多参加些竞标的话，是不会接到什么大项目的。在现在的制度下，如果你没有什么业绩，有时候连竞标的资格都没有。所以就一定要尽可能多的参加竞标，哪怕没有获胜也可以算是一种业绩的。然后在今后的竞标中，就可以最大限的发挥这些所谓业绩的作用，像滚雪球一样越滚越大，总之就是要先以数量取胜。所以说没有耐力的人是坚持不下来的，没有业绩的人一开始就只能这样努力了。”

□□在吉田先生参加过的竞标中，有这样一个很特别的案例:

□□“这个文本就像一本书一样，从头到尾是在讲述一个故事。”说着，吉田先生拿出了一本小册子，排版很简洁，只有彩色图片和一些简单的文字。

□□“这个文本是为了参加一个老年公寓的竞标而制作的。我们在里面讲述了一个以老先生A为主人公的故事，主要内容就是A先生搬进这家老年公寓后会有怎样的生活。我们为主人公设定了性格、爱好、家庭成员等基本情况，结合一些意向图和图纸等向读者讲述了他们一家搬进老年公寓的故事。”

□□“比如说这张描述了老两口入住公寓的客厅是什么样的；这里介绍了他们可以在公共食堂订餐，但也可以在自己的公寓里做饭吃；孩子们来看望他们的时候，可以很方便地去附近公园散步；还可以把自己画的画作挂在公共餐厅里展示；定期的体检可以就近到某某医院进行等等，将这对老夫妇的故事分为一个一个的小课题来分别讲述给大家。”

□□像日记一样一页一个小故事，在翻阅的过程中渐渐对这个设计有了一个轮廓，对如何使用这所公寓有了一个初步的了解，对于今后在此的生活有了一个感性的认知。这和模型或是图纸完全不一样，可以带给人一种很真实的体验感。

□□“可以说，这是完全站在最终使用者的真实感受上来汇报的手法。”吉田先生说道。

□□“不管是对建筑师还是业主来说，写实的汇报都是必不可少的，尤其是对最终使用建筑的人来说，这种写实是必不可少的。”

Presentation

case 养老院

为参加养老院竞标而制作的汇报文本，像一本故事书一样，用一些简单的文字和图片来讲述，共30页左右。

WAKAMIYA Life Story

case1

夫婦で入居されたYさんご夫妻
ご主人79歳　奥様77歳
1人息子は独立して大阪に在住
孫2人（5才　7才）
1階に入居
「夫婦が安心して暮らせる、緑とともにある暮らし」

「若竹テラス」

・ゲートハウスとしての機能
・小規模多機能型居宅介護施設　定員２５名　通所１５名　宿泊９名
・「若竹の湯」　入居者も入れる気持ちのよいお風呂
・「レストランテ　WAKATAKE」　ピザ土窯、料理教室、地域開放
・介護予防教室（カーブス）＝40坪　間口7M以上　職員２名、地域開放
※カーブスの場合は近隣の競合店を確認。
・コミュニティスペース（サロン、カルチャースペース、デイ）
・木造準耐火建築物による新しい表現を探る。
・規格材の使用、明快な構造システムによるローコスト化
・環境への配慮（自然換気、採光、自然素材）
・木の温もりのある空間

息子さんは盆や正月にお孫さんをつれて会いに来ます。建具を移動するとワンルームにもなるフレキシブルな室内は来客や居住者の使い勝手に合わせて空間を仕切る事が可能です。

主人公是入住在这家养老院的一对夫妇，丈夫79岁，夫人77岁。书中设定了这个家庭的各种基本情况，包括儿子和孙子等家庭成员，以及他们各自的爱好和性格等等。主要讲述了他们在这家养老院中每天发生的一些小故事，借此来间接介绍这个方案设计中的亮点。

要支援１のTさんが入居されたのは、共用のエレベーターから空中歩廊でアプローチする２階2DK（約45㎡）の住宅。陽当たりの良いリビングは植木や海外旅行で買った置物などが所狭しと置かれ、「リビングアクセス」である住戸の特徴を生かして共用の空中歩廊をわずかに広げた前庭スペースに置かれた植木とともに、Tさんの住宅前に緑の一角を作り出しています。

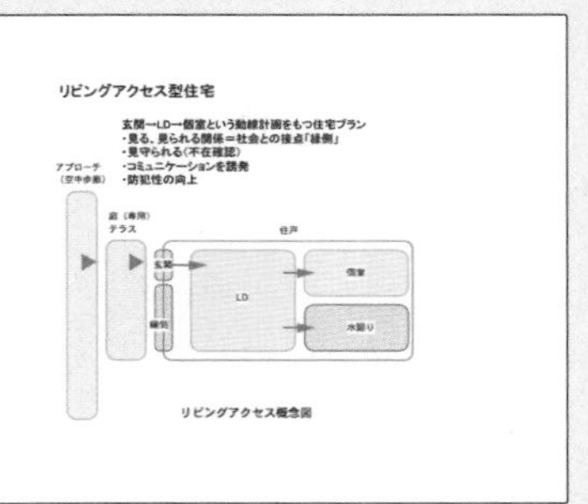

Sketching

徒手的速写和草图
能够留下思考的痕迹

下 | 我并不擅长画那些很精密的图纸，平面图大多是徒手画的，我认为这种方式也能很好地表达设计意图。而且还能从中看出设计过程留下的修改痕迹，反而能够传递更多的信息，引起大家的共鸣。
右 | 最喜爱的钢笔。笔尖很粗的型号，但用起来非常顺手。

上 | 荷兰建筑师赫曼・赫茨伯格的作品集，他是吉田先生崇拜的建筑大师之一。里面不光是介绍其建筑作品，还有许多生活照。吉田先生指着一张合影说道：“看他长得样子就能知道他设计的建筑一定很出色。你看他连晾衣服都能晾的这么帅气。”

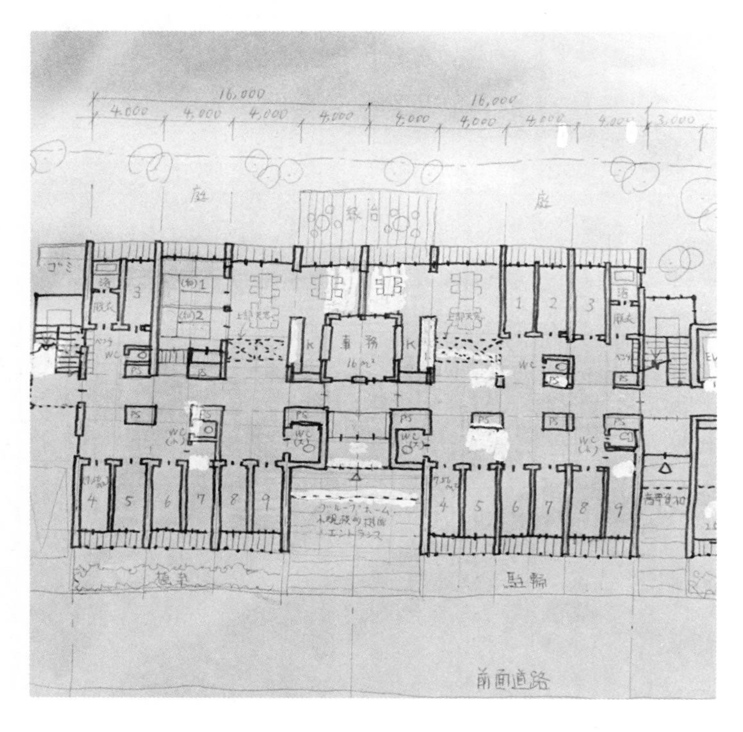

开会讨论的时候
会拿出手绘的草图
上面留有思考的痕迹

□□“我很善于观察身边的点滴事物，不管是人还是物。因为我很喜欢散步，所以经常带着孩子一起去公园骑自行车。一路上欣赏身边的景色，有时会在不经意间发现很多有意思的事情，而且经常是一些奇奇怪怪的事情。”吉田先生笑着说。

□□“比如，由来已久的木质构造房屋的套窗的结构，虽然那种向外张出的情况只是偶然发生，但其仍具有风情的一面，那种美感简直无与伦比。另外还有被乱蓬蓬的藤蔓植物爬满的建筑物，为什么只有一部分采用混凝土呢？或许其独到之处在于从中能够窥见现代荷兰建筑的风格吧。或许我会说，我对这种‘预制的不协调’很感兴趣，对于有意识地去制作的东西，即便结果与原有意图出现了偏差，我依然会喜欢。与此同时，我会摊开类似图纸的勾勒而成的简图。尽管这绝非‘预制的不协调’，但这俨然是用红笔修正过的，修改的线条还清晰可辨的粗糙的简图。”

□□即便是和客户开会讨论的时候，吉田先生也会把手绘的草图直接拿出来。他认为如果用那些誊清过的图纸，就无法看到设计过程中留下的痕迹，不如直接把草图拿出来，让对方看到设计过程中的各种可能性，哪怕是些异想天开的东西也不要紧。

□□业主看到这样的图纸就会明白设计还处于一个未完成的状态，还有根据自己的意愿更改的余地。当然我们建筑师会希望业主尽快定下一个方向好进行深化，这时就要拿出自信引导业主，帮助他们从众多备选方案中选定一个。

□□吉田先生认为，所谓“优秀的住宅”一定是一个可以适应各种变化、随着居住者共同成长的建筑。

□□“我的理想就是成为一名像赫曼・赫茨伯格那样的建筑大师，举手投足中都透着十足的大师风范（笑）。虽然前路漫漫，但对此充满憧憬。”

Makoto Tanijiri

谷尻 诚

architect

谷尻诚的工作舞台不断扩大，而他却一直活跃于自己的家乡——广岛，不断接受着各种挑战。供职于 Suppose Design Office（设想设计工作室）的谷尻 诚说“建筑设计比赛的关键在于赛前训练”，这又是什么意思呢?

□□“在每次建筑比赛之前，工作室的同事们都会十分坚信地说‘这次比赛谷尻先生保证又赢了，所有人都会选你的作品’”。

□□“其实这完全是同事们的误解”，周围的人听到此都笑了起来。但是，谷尻这么说决非轻言。

□□“我十分相信自己，因为最终只能靠自己。如果凭借建筑能力和业绩不能获胜，那么单凭热情也是不行的。从这一点来看，不论多么出名的建筑师，我们之间都是对等地进行比赛，除了自身，我们没有任何武器。”

□□谷尻先生经常会参加各式比赛，即使不能获胜，也会拿出自己的作品参赛。

□□“所以参加建筑设计比赛就像是体育赛前训练，建筑设计师时刻都不能停止思考。我们通常是接到建筑项目后开始思考；但是没有项目的时候，我们能够思考并创作，往往决定了我们在项目过程中的表现。”

□□持续不断地思考是一种瞬发力。

□□“比如100米赛跑。接到项目后再进行思考，就好比听到发令后从起跑线出发。但是，如果平日进行赛前训练，那么就是从起跑线前的20米处起跑，即使超过起跑线的时间相同，我的速度比从起跑线出发的人快，所以保证先到终点。平日是否进行这20米的训练，可以从起跑速度上体现出来，所以我一直在坚持训练，一旦停下来，体力就会大幅下降。”

□□不断参加建筑设计比赛的收获无疑会体现在工作成果上。

□□“不断设计作品关系到工作室的设计能力，所以不能停止设计。”

□□“建筑设计大赛一般是提出建筑本身的设计方案。但是，与其建筑本身的提案，我们绝对要进行‘活动’的提案，也就是建筑物建成以后会产生什么。在群马县上州富冈电车站设计大赛中，我们的作品《富冈市场》（十分遗憾最终得票第二）中，我们首先调查了车站（译者注：日语称车站为‘驿’）的起源。车站原本是商人将信息及商品带到此处，休息及交换信息的场所。现在的车站只是设有检票口，供人等车的地方。所以我们想到，建一个车站，会增加人与人的交流，同时会形成一个城镇，我们应该建一个那样的车站。于是我们又开始思考城镇的大事小情与车站相融合，会变成一个什么样的地点。”

□□最后，谷尻先生想到的是车站的本源，那就是“物流与信息的交点”，即“市场”。

□□“让市场进入车站，就像一个没有围栏没有检票口的无人看管的有人车站。电车站台也是候车室的一部分，是候车区还是车站，或是广场，我们创作出了这种让人产生混淆概念的车站”。

□□“不知是候车区还是广场，或是车站”，“不知道是客厅还是走廊”，谷尻先生的建筑中经常出现这种“无法命名的空间”。

□□“我认为去掉名字十分重要。因为我们经常先决定名字，这样一来我们的行为就会受到制约，创新思维产生的几率也会降低。水杯，从这个单词来看，它只有喝饮料的功能。但是，如果考虑它是一个盛装液体的器具，那么我们可以用水杯饲养金鱼，也可以用它来养花，我们可以想象出不同的使用方法。我们去掉‘车站’‘客厅’这样的名字，去考虑‘这里会发生什么’，那么这个空间就会产生其他用途。”

□□如果要起名字，那我们就应该起一个能够预感到会发生各种事情的名字。

□□“所以，我们起了‘市场’这个名字。重要的是我们能发现多少与主体无关的事情。单纯按照比赛要领制作的方案很无聊，我们想发现比赛要领之外的事物并进行提案。只对接到的要求进行回应，这样的工作十分空洞。在日常生活中，为客人倒茶并说‘请品茶’后马上离开，与之相比，倒茶后附加一句‘您还有其他

并非从名字
而是从行为思考
创造才是真正的姿态

保证有“现在必须要赢”这样的时期

需要吗？’，两者的效果完全不同。参赛作品也是一样。”

□□比赛，是将自身的以及工作室团队的想法清晰体现的场所。

□□“我认为，我们必须更多地向人们传递设计建筑的方向以及我们的所思所想。而建筑设计比赛正是一个十分合适的地方，向他人传递这样的信息的同时，自己也能够更加明确自身的想法。”

□□但是，一直保持那种动力并非易事。

□□“是的，这其实是矛盾的。如果参赛一直失败，那么员工们精神压力会很大，会产生‘希望差不多地，适当地获胜’。但我经常都是拿出富有争议的方案。我希望不是抱着解决问题的心态，而是抱着‘事物应该这样’这种提出问题的心态进行提案，某一部分变得十分前卫。所以我的作品经常能够入围决赛，但是很多时候不能夺冠。在这种时候，我经常对自己说，雷姆・库哈斯也一直是第二名，但是开始获胜的时候，就一直保持冠军地位。能够成为冠军的作品，其设计的平衡性很好，这一点我是知道的。但是，我希望能够以‘除此之外决无二物’的方式夺冠。如果赢得一次冠军，那么我的想法就开始趋于正确。与其获胜相比，在比赛中我们进行了何种思考，这些经验才是最重要的。此时，我时常感到害怕，担心如果我们的想法作出让步，那么以后只能创作出那种屈服性的作品。总之，我一直想用自己真正想做的作品获胜，虽然曾有很多遗憾，但是这种想法不会改变。”

□□但是，“想法很有趣”这样的评价不断增多，逐渐有更多媒体对此进行报道。

□□“我时常想在这种时机下获胜。想让大家产生一种心态，那就是‘因为是那些家伙，所以才获胜的呀’。我们能够清楚的解释获胜的理由以及被媒体报道的理由，工作室的同事们也都说，我们的工作室应该成为那样。”

Presentation

case 富冈市场（设计方案）

此方案是2011年举办的上州富冈车站设计大赛时提出的。很遗憾，最终此方案并未实现，以下内容是整理的谷尻先生设计构思的精华部分。

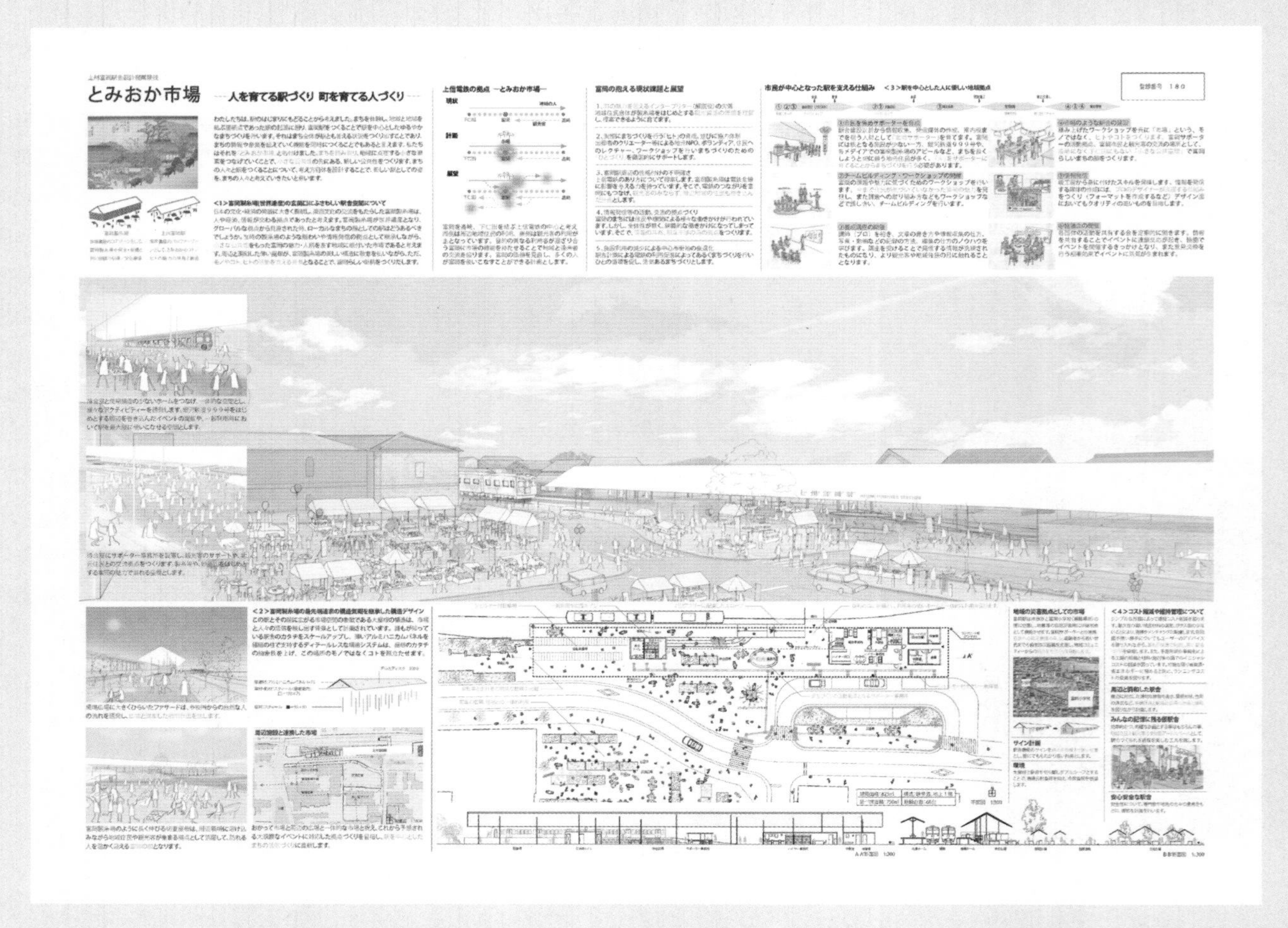

本着“车站=信息与物流的交流地点”这种原始思想设计的“市场”。设计者用一种奇幻的表现形式表达了这个城镇因这个车站的建成而发生的大事小情。“我们想营造一种氛围，那就是‘今后将与当地居民共同建造这个车站’”，对方案题目每次都倾注较大精力。“我们初次从数百张演示资料中筛选出几张，这几张资料与其它资料相比，能够吸引大家能够多看1-2秒钟”，简单说就是“大家更易观看的资料”。

初期构想

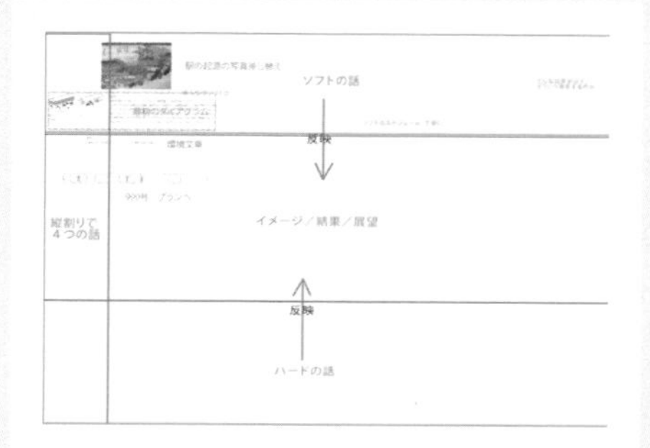

中期构想

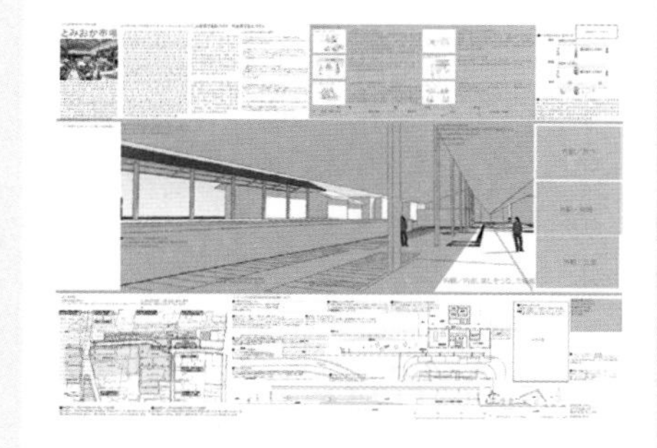

上图是初期构想以及经过10余次改进之后的中期构想中的一张。“上层空间未设计任何建筑。这部分基本是富冈城镇建设。下半部分是建筑，在软硬件完善后，此处会发生什么，我们通过一张图片全部表达了出来”。

城市建设同此建筑共同推进时，这里会发生什么，首先我们从此处着手思考。

通过草图
了解谷尻先生的想法。

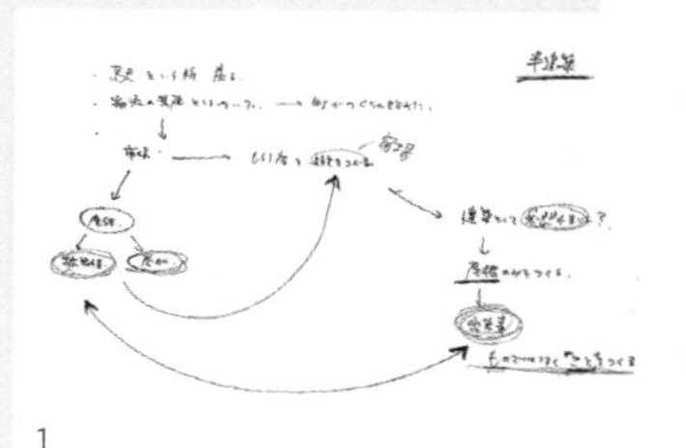

1

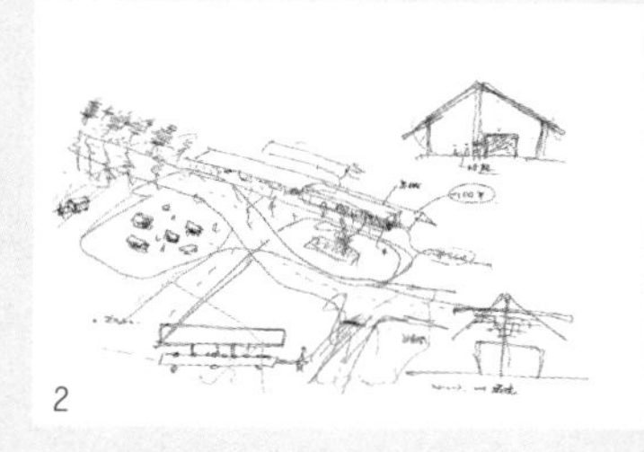

2

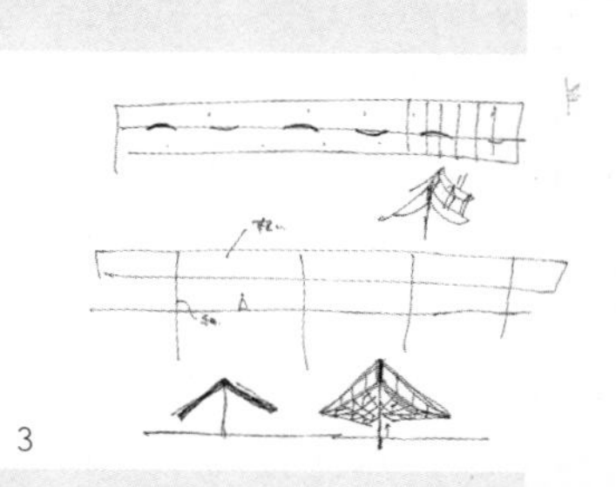

3

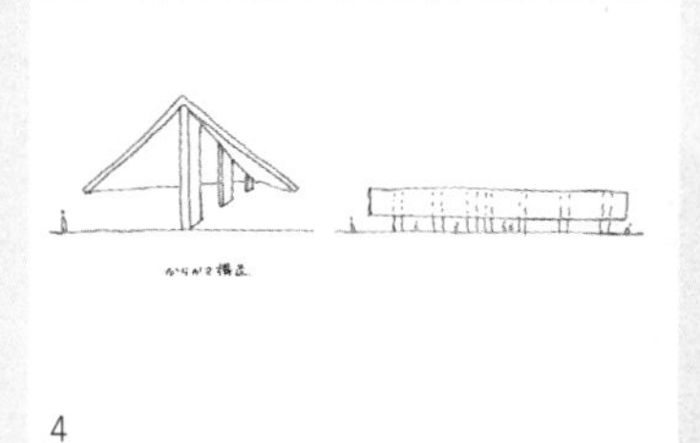

4

谷尻先生描绘的“富冈市场”的部分草图。

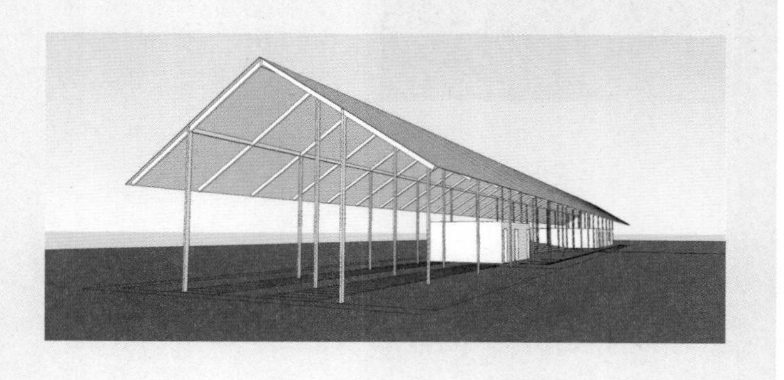

我喜欢与人交往
所有的重大转机、机遇、兴趣都是因为“人”

□□“重大转机吗？我的转机都是因为‘人’。我经常被人发现、提携，在落后时被人帮助。最初，‘毘沙门之家’就是被当时NacasaPartners（以建筑照片闻名的照相工作室）的矢野纪行发现的。大概是在2003年左右，矢野先生看到获得优秀设计奖的我的出展作品，给我发来了邮件。当时我们团队在广岛工作，对建筑界的事情尚未熟知，还在感叹‘出身名门摄影室的艺术家真厉害’时，突然从NacasaPartners来了邮件，整个工作室一片哗然。矢野先生还对我说如果来东京出差，希望能够邀请我与他的上司仲佐猛（摄影家）先生共进晚餐。当我来到东京与二位见面时，不知为何，矢野先生拿着‘毘沙门之家’的相关材料，并向仲佐先生介绍‘谷尻先生就是设计这个建筑的人’。仲佐先生对矢野先生说‘矢野，马上去拍这个作品’。于是，我们见面的下一周，矢野先生来到广岛拍摄，之后又把照片发往各种不同的杂志社，立即有好几个采访与我们联络。在此之后，矢野先生一直拍摄我们的建筑作品。如果没有矢野先生，也没有我们。所以，为了让矢野先生对我的作品能够拍有所值，我一直在努力作出成绩，用好的作品回报矢野先生。”

□□谷尻先生真的是遇到了很多好人。

□□“我喜欢与人交往。最近通过翻译，我更加确信了这一点。”

□□喜欢与人交往同翻译有何关系？

□□“同各界人士交往，会听到不同业界的工作话语。不论何种话语，我都能将其翻译到建筑上来。‘将那些话语转换成建筑’。我就是喜欢与人交往，希望深入了解那个人，而学到了翻译能力。如果翻译能力提高，那么我会获得各种信息，我们也就能够作出各式不同的方案。”

□□比如，我从外科医生那里听到的内容。

□□“如今的手术与以往不同，需要使用两只手操作。为了训练两只手，这位医生开始用左手吃饭，他用了两年时间才让自己感觉到左手吃饭的味道与右手相同。实际上，用右手握筷子时，为了让右手更加灵活使用，左手起着向导的功能。所以只是能用左手吃饭是不行的，右手要达到配合左手运动的条件，这样左右手吃饭的味道才能相同。我听到这位医生这么说，

自己主动意识到能够完成某事时
这时的他已经成长

瞬间感到‘对啊，建筑也是一样的’。”

□□那现在谷尻先生应该已经有了很大的提升。

□□“没有，因为比如要在一块空地建一座房子。思考什么才是幸福的家庭，我们会想到建一个大的池塘，种很多树，鸟儿飞来，我们可以从客厅的窗户看到这些风景，我们认为这才是幸福。建筑之外的事物也特别重要，家这个概念并非单纯地造一所房子，房子之外的很多事物都与这个家相关。而这也正如右手和左手的关系，我同杂志社的人说，左撇子很有趣，作一期左撇子特辑吧，但迅速被杂志社的人否定了。（笑）”

□□翻译能力，可以说是谷尻先生见了很多人、同很多人交流后的成果。

□□“我也不是一开始就能做到，能够像现在一样，也经过了曲折的过程。我们在广岛工作室的3楼，建了一个‘没有名字的房间’，想喝酒时它就是酒吧，想做展览时它就是展室。我们不从命名角度，而是从行为角度进行思考，可以说这才是我们真正的初衷。为了不忘记这个初衷，我才开始进行这样的翻译活动”。

□□每个月都会举办《THINK》谈话秀。

□□“我们请不同领域的人士讲述他们在正式思考之前的思想活动。每个月在工作室举办一次这样的活动，对员工来说是积极有益的。能够与人结识，各种思想都会进入到我们的工作室。我虽然在外面会结识很多人，但是向员工们传达，也只是以汇报的形式。我不希望员工们是听着某人的汇报，我想让他们亲身感受，自我认识，这样他们才会成长。对了，不同领域人士所作的讲演会很有趣。所以我想到为何不举办谈话秀，我也十分想听大家做的演讲。（笑）”

Presentation

case Illustration+CG

“根据创作的事物、希望表达思想的不同，应该变换表达形式”，我们从此想法出发，设想设计工作室的电脑效果图的风格也是多种多样。

对于希望明确使用目的的部分，会制作较为真实的印象图。

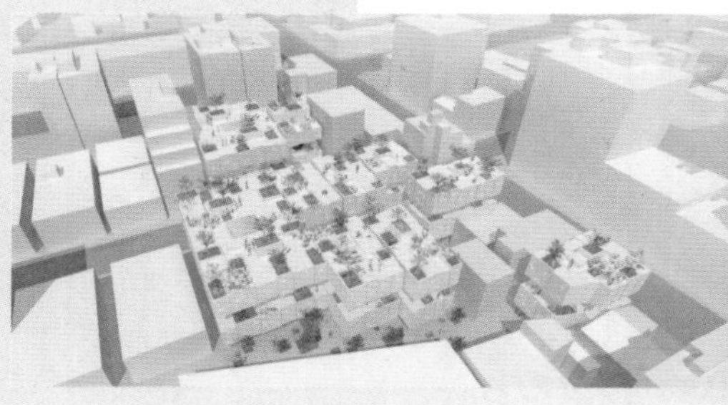

“我们储存着数量庞大的建筑效果图(笑)。我会查阅流行杂志进行研究。”从流行插画式的建筑效果图到模糊的笔触，从奇幻的图形到贴画形式，对应着各种不同风格的设计作品。“在工作室，如果是提案式的设计城镇或空间，我们不会使用现实风格，而采用轻松愉快的效果图。”相反，如果功能及使用目的已经明确的作业，则会采用写实式的视觉设计。“全部都是我的自由判断，我确信应该用某一种风格，我就会提出方案”。上面是雅典的《UP TO 35 国际竞赛》(2010)的参赛作品；右页是新潟《澳大利亚屋》(2011)的参赛作品。

表达世界观的奇幻式
效果图

充分考虑与城镇的结合
柔和的笔触画线

上 | 以“向城镇开放之家”为概念设计的空间——加美町新的政府建筑应征方案
下 | 以整个地区共同抚育儿童为理念设计的保育园方案。

THINK

每个月广岛工作室都会举办一次谈话秀

将“如废墟一样的大楼”重新改造，就是现在的2层244平方米左右的广岛工作室。楼上是“没有名字的房间”，举办名为“THINK”的谈话秀活动。第一个前来讲演的是藤原彻平氏（隈研吾建筑城市设计事务所），介绍了10多年前其参加建筑设计比赛的方案以及参赛过程。之后，又有为末大氏、后藤正文氏、野村友里氏、青木良太氏等，我们邀请不同领域的嘉宾前来演讲，其中还有朋友提议并实施的“茶话会”。

RECOMMENDATION

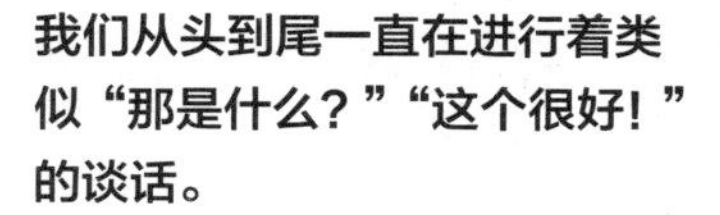

我们从头到尾一直在进行着类似“那是什么？”“这个很好！”的谈话。

“请试试这个笔，用着特别舒服。”“我在网上发现了一个好玩的钱夹。”在访问东京工作室时，员工们开始了个人宣传大会。左上丨十分喜欢使用的钱夹，还有卡包、零钱包。细致地分开，随身携带。因为接到眼镜店项目，所以开始戴眼镜，这个人是伊达。左下丨自己将废纸做成“超级装订笔记本”。磁带式的笔是派通公司的普拉曼品牌，因为感动于书写舒服，员工在“任性地肆意宣传”。

Le Corbusier
建築再生の進め方
メタボリズム

Interview

Manabu Chiba

千叶 学

architect

从个人住宅等普通建筑
到导盲犬中心这些未知的建筑，
在广泛领域受到高度评价的千叶 学先生。
突破难关的关键
是“推介规则”这种崭新的方法论。

□□“在住宅设计策划及讨论时，我们会使用朴素的图纸及模型，不加任何装饰。”

□□千叶 学笑着说，客户经常会问我们“只有这些？”

□□“设计需要花费很长时间，如果从最初开始确定方向则不会花费太多时间。并且，我们每次同客户谈话后，设计方案都会改变。讨论对我们来说，是发现未知，了解未曾注意到的事物的机会。有的人会说‘每天早上都没有坐下来吃饭的时间’，这些生活细节十分有趣。我们的理解经常会出错，比如我们认为是最佳的方案，在讨论之后才发现是完全不可行的。然后重新考虑新的方案，周而复始。有的方案是被客户否定的，有的方案是我们在讨论的过程中，我们自己感觉不可行，主动撤下的。有的时候，我们在1周内做出了完全不同的方案。”

□□客户不会感觉很困惑吗?

□□“每次都很困惑（笑）。因为变化的太多，有时客户会说‘慢一点，我们有点跟不上’。我们有的时候拿来和上一周完全不同的方案，客户还会感叹‘我也很喜欢上周的方案’。”

□□方案变更是常事。即使客户说之前的方案很好，有时千叶也会让客户忘掉上一个方案。

□□“其实这也是相互加深了解的过程。所以对我而言，同客户讨论是最重要的。我们一边讨论，一边会十分集中精力地去考虑方案。”

□□“我们很少以说服客户为目的进行演示，特别是私人住宅。我们通过不断与客户沟通，保证会有一瞬间感觉‘这就是最终方案’。但我们在拿出我们认为的最终方案时，多少会更加饱含热情地去介绍（笑）。”

□□即使客户成功被说服，客户也不一定真正的幸福。

□□“所以我们不会准备电脑效果图。即使看了效果图，客户也不一定能够完全了解。客户认为最后建成的建筑好还是不好才是最重要的。利用效果图来说服客户十分危险。因为客户会根据效果图开始想象，会误认为某处会变成某种空间，这也是我们比较担心的。”与之相反，如果制作很多的模型，每次沟通都要做一个，为了制作那一个模型，工作室都要私下制作5~6个进行研讨，所以不一会儿100多个模型就产生了。

□□千叶先生苦笑着说：“单存放模型就可能占用整间屋子。模型很重，但是是中空的，所以为了这些如空气一样的东西租借空间有点不值得”。

□□“所以，对于建筑的使用方法及功能，我再说的详细点。像‘这个空间很好’这种事情，即使在交流了很多之后，也很难传达所谓的好是什么程度。但是像门开的方向，厨房的顺手程度，这些信息都可以通过交流获得。如果能够充分了解客户的这些要求，设计就不会走入错误的方向。对我们来说，大前提是方法，而非目的。”

□□千叶先生迎来的重大转机是“日本导盲犬综合中心”设计大赛（2006年竣工）（第90页）。

□□“因为像住宅这种建筑，因为自己也居住着，所以一定程度上可以想象的到。但是我从未在导盲犬中心居住过，所以根本不知道那是什么样的设施。即使在比赛要领中标记着‘训练用犬舍’，我想到的是‘是狗窝吗？小狗在里面干什么呢？’。所以，当时十分苦恼应该设计什么样的方案。最后我们设计出了感觉尚可的方案，而这个方案也只是对符合比赛要求中的单单几项内容有信心”。

□□其中一个信心之作就是“训练场及有导盲犬的地点组合”。导盲犬辅助人类的活动基本

千叶团队不会准备电脑制作的效果图
效果图会让客户感觉“能变成这样的空间”
增加期待值

只提出“原理 = 规则”
而这也仅仅是使建筑成型的
基本构成因素
然后与客户共同思考

是在室外进行的，所以导盲犬应该是在庭院一样的地点进行活动。“狗窝周围必须要有庭院。”是一个要点。千叶先生找到了其中的一个真谛。

□□“就像发现了某个原理——就像树有干、有枝、有叶，这个原理被我们发现了。这个原理就是让导盲犬中心这个建筑成型的原理”。

□□另一个可以确信的，就是未知。

□□“我们认识到，不论怎么考虑，不论到什么时候，都有我们无法决定的事情。比如，A犬舍与B犬舍的位置应该是靠近还是远离，绝对不是我们可以决定的事情。对此，我们认为应该与专家沟通后再做决定。”

□□对此，他们找到了解决问题的办法，那就是“确定了导盲犬生活环境的雏型”。并且，我们考虑的这个雏型“在同运营方沟通后，虽然形式有所变化，但是本质并未发生改变”。千叶先生设计的是将建筑放在几条回廊中间。首先设计出犬舍，然后再用回廊将其包围。这样一来，建筑都被回廊包围，建筑前面设计了庭院。在这种形式中，既有导盲犬日常生活的建筑，又有供训练的庭院，而人们可以从回廊中看到导盲犬日常生活和训练的情景。

□□“只要把握住建筑与回廊的包围关系，那么每个建筑的地点远近以及每个建筑物的大小，不论如何变化都可以。我们并非认为这种设计很美，我们是找到了一个新的灵感。在实际比赛中，我们单纯提供了这样一个形态，并最终被选中。之后我们不断听取客户的意见，比如这个建筑小一点比较好，这两个建筑最好不挨着等，并逐渐将这些需求体现在设计中。客户与我们一道，逐渐地设计出这个建筑，我想客户也感受到了这一点。”

Presentation

case 日本导盲犬综合中心

2006 年竣工。在静冈县富士宫市的广阔地域建造的，供导盲犬训练以及退役犬生活的设施。2009 年获得日本建筑学会界奖

设计出“用回廊围绕导盲犬使用的建筑”这一理念，并以此进行演示的作品。不论回廊形状（上排的 3 个图形）如何变化，不论如何配置回廊围绕的犬舍面积（下排图形中灰色部分），“确保犬舍、以及犬舍前面训练用的庭院（白色部分）、走过回廊的人可以看到犬舍及犬舍前庭院的情形”这一理念没有改变。千叶先生说：“关于每个犬舍的大小及配置，不论我们自己如何考虑都是无法了解的”。比赛结束后，千叶先生同客户共同确定了这些细节。

摄像　西川公朗

case WEEKEND HOUSE ALLEY

镰仓七里浜。是由6家店铺以及13户住宅（集体住宅）构成的综合设施。2008年竣工。有一段时间，千叶先生也曾租借过此处的集体住宅。

右图体现了如何配置用地中建筑物的变迁过程。左上图为初期设计。右下图为最终方案。初期方案强调了“为了与周围住宅融合，缩小每个建筑的规模”。融入“通道”这一概念的是中间一列。最后导入了“设计出不同方向的道路，建筑与建筑之间可以欣赏大海、高山、城镇景观”这样的理念。与导盲犬中心相同，在确定了基本理念后，建筑物的配置及所占面积比例大小，都会在听取客户意见后进行设计。

摄像　西川公朗

I 初期设计

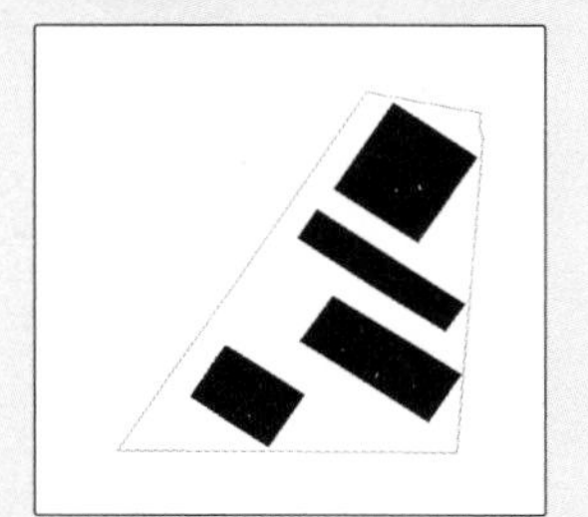

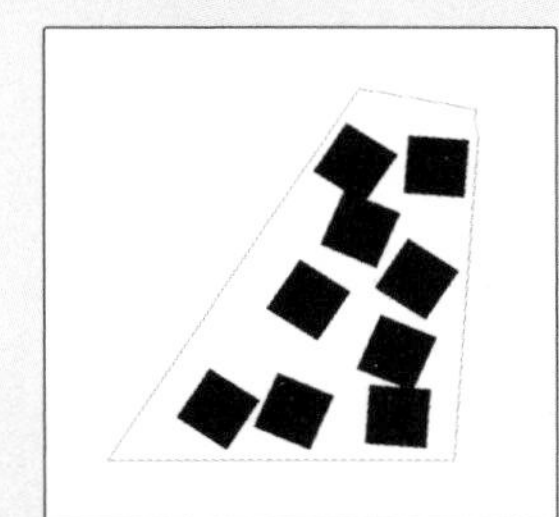

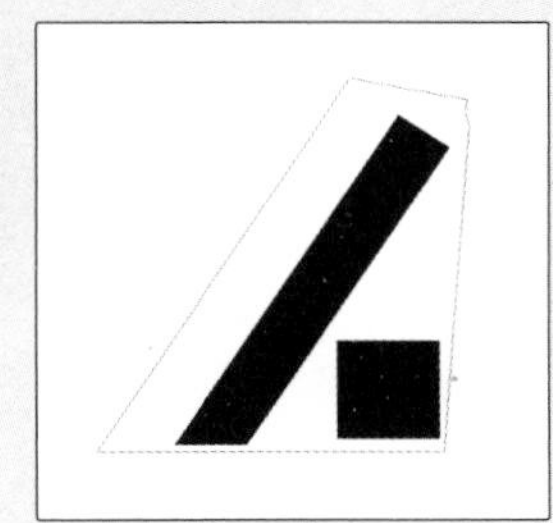

I 确定了基本理念后的设计

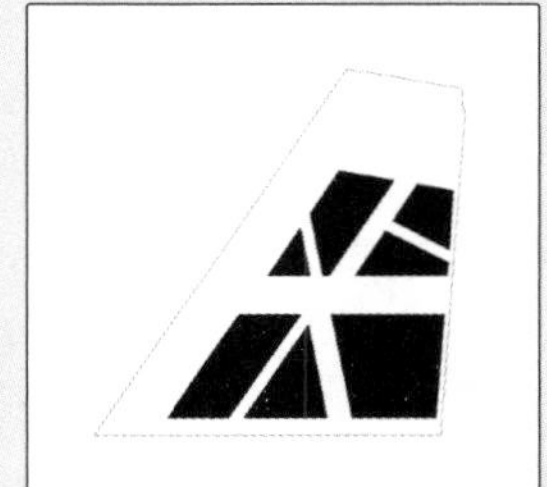

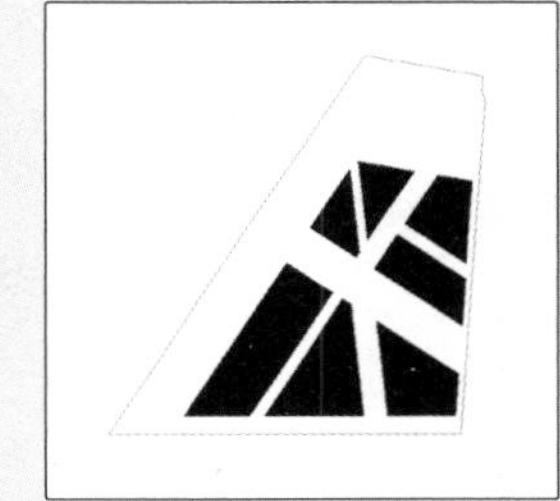

I 最终方案

建筑设计并非一个人的美学
融入不同人士的想法
而产生的多样性建筑才更加有趣

□□只要确定了建筑的方向，自己不明了的部分同客户进行沟通，接受变化，逐渐充实该建筑。通过导盲犬中心项目而确立的这种设计方式也延续到之后的很多作品创作中。镰仓七里浜的《周末住宅小巷》就是其中之一（作品见第91页图）。在这种不规则的区域内建造集商业、住宅为一体的案例，千叶先生制定的设计原理即为"通道"。

□□"镰仓七里浜就像格子形状，道路及土地的朝向四面八方。虽然人们经常注意镰仓的海景，其实这里的风景更加多样。大海、高山、江岛电车、城镇，这些组合风景才是更像镰仓的风景。所以我们考虑设施中的道路应该有不同的朝向，在街道尽头可以看到不同的风景也是十分惬意的事情"。

□□如果能够找对方向，之后就是"以一个优秀建筑师的身份认真听取运营方的意见"，千叶先生笑着说道。听取客户意见，就像将复杂的谜团一点点地解开一样，将区域进行划分，并不断思考建筑排放。最终，以纵横斜的道路将区域分成了7个建筑群。

□□"虽然很辛苦，但是设计完成后大家都很高兴。有的时候我们还担心，客户是否注意到了三角形的有点奇怪的建筑。"

□□千叶先生说，即使确定规则是由建筑师完成，但是之后由不同人士的各种想法及行为构成的多样性设计才更加有趣。

□□"我们上一代的建筑师，掌控着设计中所有的事物，这是上一代建筑师的美学。他们甚至会选择家具、确定鲜花的装饰方式。但是在我心里，希望采用不同的方式的想法很强烈。"

□□比如，一个城镇是否有趣，是由它的多样性决定的。

□□"由一个人设计整个城镇，你不感觉十分乏味吗？融入不同人士的想法，就像地壳一样由不同的岩层蓄积。但是，建筑设计的基础是由一个人确定并进行创作的，所以这个建筑经常会局限于一个人的美学范围。我经常考虑，是否有其他存在方式。"所以，千叶先生的作品演示时，内容中经常会有空白之处。

不论建筑还是体育运动
如果规则不明确
则不会太有趣

上丨　单为存放模型而租借的公寓的一个房间
下丨　放在工作室外面的《周末住宅小巷》模型

□□“如果完全不给对方留出余地，只让对方回答‘是’或‘否’，这种方式十分乏味。在确定了某个逻辑之后，与运营方共同解谜，共同制订游戏作战方略，这样可以作出一个非常有趣的作品。”

□□但是，建筑的设计规则在一定程度上确立之后，比如学校的设计案例。

□□笔者还了解了曾参加2010年设计大赛，现在仍在推进的“工学院大学八王子校区综合教育楼（第94页）”项目。

□□“在这里，我们的设计方向是‘由4座L型建筑构成，由建筑形成广场及道路’。也就是，不断重复着教室、走廊、室外庭院这种既存关系。走廊向外开放。”说到底，大学这样的建筑，最终是由教室和走廊构成的。

□□“那我们将教室更改成不同寻常的奇怪形态，以这种方式决定成败我们并不感兴趣。虽然前提满是教室与走廊，比如我们可以稍微更改一下教室的排列方式，使大家的日常生活与以往相比发生戏剧性变化。日常生活中，因为某个契机，我们突然看到了它的变化。我们的设计根本是找到建筑的建造规则。对，有点像体育比赛的规则一样。”

□□体育比赛?

□□“体育比赛能够顺利进行，是依靠规则。制订什么样的规则，决定了比赛的趣味性。就棒球的规则来说，如果投球区距离打手区再远离2米，则打手击中棒球的几率大大增加。如果采用5人淘汰轮换制，那么观众和选手都会感觉有些厌倦。体育比赛的这种临界值设计的非常合理。”

Presentation

case 工学院大学八王子校区综合教育楼

此处的规则即“将4座L型建筑放在一起，内侧是道路，外侧是4个广场。”为了最终确定这个规则，进行了很多讨论。左下图与最终模型最为相近。

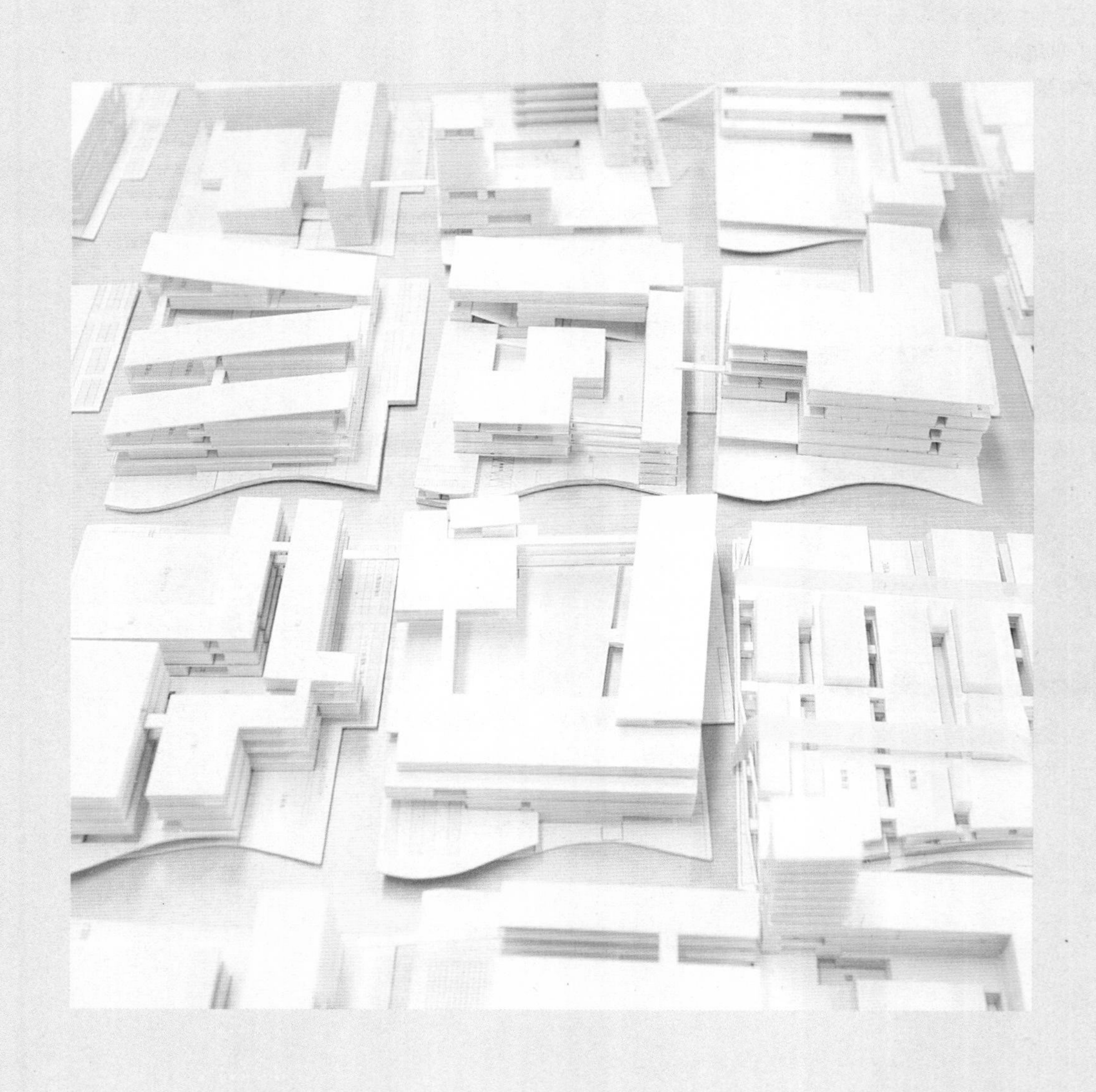

建筑排列方式稍有不同
但日常生活会发生戏剧性变化

这是工学院大学八王子校区最终设计平面图。4 座 L 型的校舍，教室都面向道路，这就是设计原理。我们希望能够将教室中的热烈景象传向道路。只要遵从这个原则，对于教室以及其他设施的排列方式，千叶先生的作法就是听取客户意见并将这些意见灵活地贯彻到方案中。

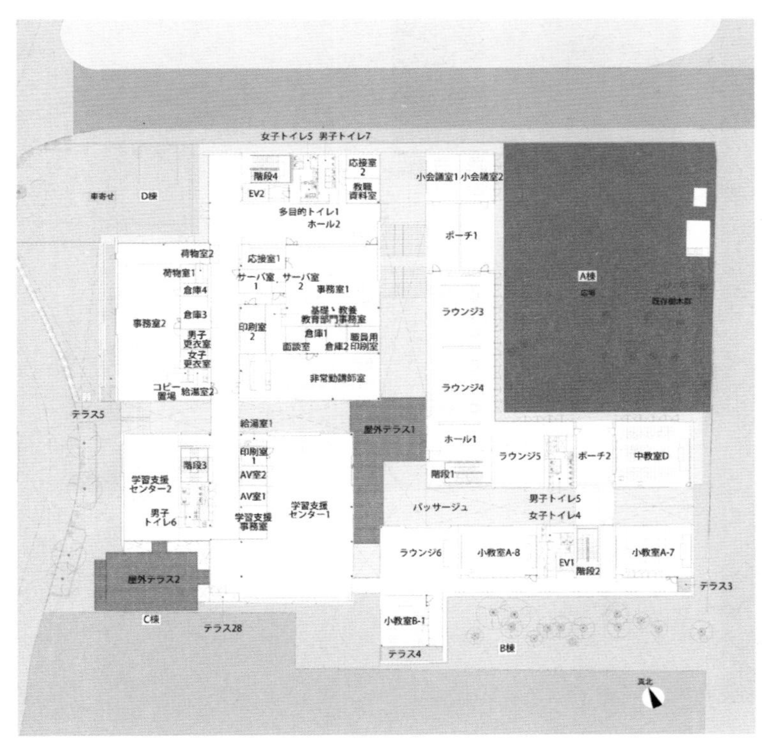

一层设计方案

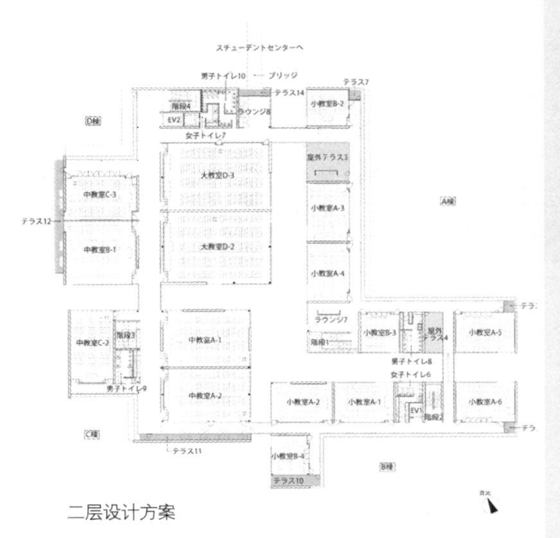

二层设计方案

Favorite

照片 编辑部

水坝不同寻常的雄伟壮阔
让人有一种希望居住于此的冲动

千叶先生向我们透露，他十分喜欢水坝。学生时代，千叶先生曾骑着 Randonneur 牌的旅行自行车目睹了水坝的雄姿，从那之后，他对水坝一直有一种神往的冲动。照片中是三保水坝。为了大规模泄洪，看上去是重力式混凝土堰坝，实则是由砂土和岩石建成的填石坝。堰堤本体是右侧的草木繁盛的部分。

不论什么时候
感觉自己都在思考
建筑框架的形成

□□千叶先生说，“规则=原理”，并非一板一眼地进行决定。设计充满了可变性及灵活性，所以设计本身就十分具有价值。

□□“小学生不会希望在后乐园球场打棒球。为什么呢？是因为他们扔不出那么远的球，也打不出本垒打，游戏也变得索然无趣。所以他们会找一块空地，自己决定一垒、二垒的距离后再进行比赛。也就是说，并不是职业选手或者小学生都必须在后乐园打球，在后乐园或者自家附近的空地都可以打球，这就是棒球的原理。根据自身情况更改规则，会增添游戏的乐趣。”

□□原来如此，这就是千叶先生在策划方案时的要点。而且方案中无处不体现出设计的灵活性，实际上如不确定原理则方案无法向下推进，设计比较粗枝大叶。

□□“粗枝大叶……对，我设计建筑就像搭建骨架一样。我十分喜欢土木建筑，比如水坝，我感觉真的是十分壮观，感觉浑身都会颤抖，我十分想在那里居住或者在那附近居住。水坝虽是人类的终极建筑，但是其形态却十分自然。”

□□道路、水坝、桥梁、隧道等土木建筑，给人以压迫性的存在，完全征服了人们的内心。

□□“我时常在想，建筑是不是也可以变得可以征服人们的内心。因为只要确定了那个地点建筑的正确构成方法，那么这个建筑也会拥有永不消失的秘密。所以我对自然与人类应该如何相处十分感兴趣。比如我们所看见的森林，有原始森林，也有人工森林，这其中与人类总会有着各种各样的关联。原始性的自然固然美丽，但类似水坝这样经过人类加工的地点，有时更能感受到大自然的存在。所以，我总是从最根本的地方去考虑结构原理。话说回来，其实我是一个完完全全的细节宅男。（笑）”

Interview

MIKAN

MIKAN 设计事务所（MIKAN 是日文“橘子”的发音）

architect

MIKAN 设计事务所
（橘子帮）的优势在于，
其由四个人组成。
策划的内容清晰明了，
4 人共享自己的思想。

□□打开由日语的“み”字及橘子形状组成的门把手，笔者进入了工作室。在那雅致的角落坐着四个人——加茂纪和子、曾我部昌史、竹内昌义、曼努埃尔·塔尔迪茨，他们四个人组成了橘子帮。明朗的光线射入白色的空间，像似一所学校，里面有一位学生十分喜爱的老师，感觉这里十分适合上课铃声的响起。

□□“是吗? 对啊，遵守时间是设计讲演的基本中的基本。”

□□大家有在10分钟或者15分钟之内，进行精彩演示的诀窍吗?

□□“总之要把握语速不能过快，并且考虑时间的分配。希望在规定时间内演示完毕，更重要的是不要完成后反而会剩余很长时间。还有就是节奏，抑扬顿挫，想要强调的地方以及轻描淡写的地方需要分出语气强弱；在重要的地方或者希望客户注意的地方，语速需要变慢。”

□□大家平日会进行练习或者排练活动吗?

□□“我们会偶尔进行排练，但是我们会在电车中练习。看着手表上的计时器，发着闷声练习（笑）。坐电车往返于涩谷与横滨之间时，如果是15分钟的宣讲，可以练上4、5次。总之是不出声的。”

□□实际上在正式设计讲演时，音调也十分重要。

□□“在讲演的过程中，如果音调变高，这是一个危险信号。我们以此为信号，调整说话的时机。相反地，如果一直让自己沉稳让自己沉稳，反而声音会变低。能够把握两者的平衡也是十分困难的。”

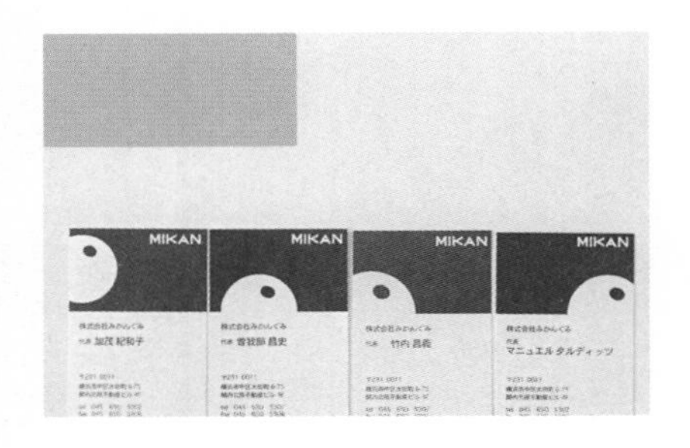

Kiwako Kamo
加茂纪和子

Masashi Sogabe
曾我部昌史

□□“在进行设计讲演时，头脑会告诉运转，能比平常快上几十倍。一旦结束，头脑会十分疲倦。”

□□相反，“需要传达的内容都已经事先定好，在讲演期间也不会思考其他事情，反而头脑会更加冷静。看着评委的脸，我会考虑这个人会以什么方式深入提问，这个人在想些什么。”

□□我经常听到还没有适应设计讲演的年轻人说，心里十分焦急，不能冷静下来。

□□“但是，设计讲演的时间是有规定的，我反而觉得这种方式很好。不善表达、木讷的性格，反而在这种环境下会给评审留下好印象。只要别让对方看出你没有自信就好。如果表达方式过于完美，则让对方认为你在编造谎言。(笑)”

□□即使是经历了无数次设计讲演的橘子帮团队，如今仍会焦急。

□□“在头脑中已经准备好了，但是实际讲演时，会因偶尔看不到手头资料而焦虑。也就是说，会场的形式、设备与自己想象中的不一样。

在进行设计讲演时
头脑会比平常快速运转几十倍。

Masayoshi Takeuchi
竹内昌义

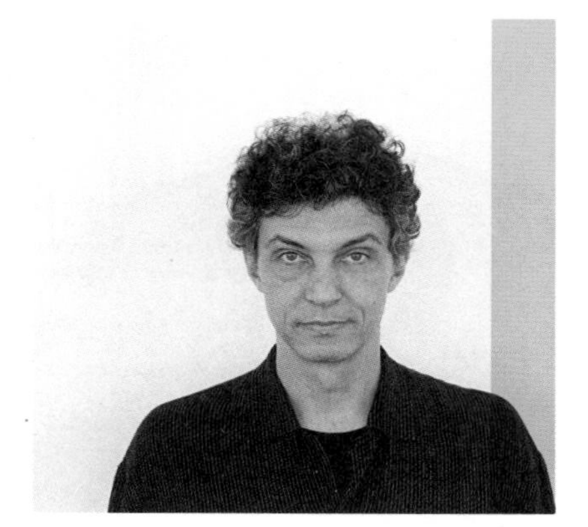

Manuel Tardits
曼努埃尔 · 塔尔迪茨

事先确认会场
对自己的心态调整是十分重要的

所以，事先确认会场，从实际角度出发，对自己的心态调整是十分重要的。”

□□之前曾发生过这样的事情，橘子帮的一个成员，作为评审参加了为发现年轻设计师而举办的设计比赛。有6、7个尚未出名的新人前来报名参赛，其中有一位已经十分著名的年轻建筑师也前来报名。

□□“审查当天，那个人提前来到会场，在讲演现场连接了PPT，并请求工作人员希望能够进行一下彩排。只有几分钟的时间，那个人站在讲台上，确认着PPT，练习着讲演，随后向现场工作人员道谢后离开了。就是这么一位大家都认为最具实力的选手，却做出了那样的事情，让我们都感觉到他的伟大。”

Presentation

case 上越市若竹宿舍

MIKAN 的作品在 2011 年进行的公共募集式提案中获得最优秀奖。初次审查中进行的是设计讲演，第二次是专家评审问答。

上越市若竹寮新築事業基本設計業務公募型プロポーザル

管理部門と地域交流ホール

管理機能の要点

本計画では管理機能において下記の点に配慮しています。

■子どもたちの活動の場として

保育室 ①

・穏やかな木々に囲まれた環境に配置しています。

・屋外にはデッキがひろがり、保育室と外部空間を一体的にして使用できます。

多目的室 ②

・ボランティアの学生による勉強指導やみんなでの食事会など多様な使い方ができます。

・南側のハイサイドライトより光を採り入れ、明るく暖かな環境を子どもたちに提供します。

■職員の情報交換の場として

小舎制のへの移行により職員同士が顔を合わせる機会の減少が予測されるため、情報交換やリフレッシュできる空間を配置しています。

洗濯室 ③

・職員同士が話をしながら作業ができる場所を設けています。

多目的室内のコーナー ④

・子どもの様子をみながら職員同士のコミュニケーションが図れます。

■自立支援の場として

家族生活実習室への動線 ⑤

・実習室へは屋外から直接アクセスできます。一人暮らしを想定した生活や親子訓練も可能です。

地域交流の要点に関して

本計画では地域交流機能において下記の点

地域交流広場・地域交流ホール ⑥⑦

地域に近い存在とするため、アクセスしやす
地域交流ホールの前には地域交流広場があ
合せや遊び場として、子ども会活動やお祭り
域に活気を提供します。
また、ホールの北側には緩やかな斜面が広
を拡張して使用できます。

全体配置計画

管理機能を中心とした配置計画

職員が集う事務室や施設長室、子どもも集う多目的室や保育室などを集約しています。中央に配置することで生活単位までの距離が短く、前庭を一望でき管理がしやすくなります。

自然豊かな生活域

管理部門を中心に男子棟と女子棟を東西に配置し、1階に生活の中心であるリビングなどを設け、2階を居室としています。

管理部門にアクセスする雁木通路

各生活単位の南面は雁木空間となっており、冬期の積雪時にも管理棟までの動線が確保されます。

まちなみにとけ込む庭

生活単位の北側には庭があり、街を眺望することができます。
生活単位の間には植栽があり、街からは木々の中に住居があるように見えます。

動線空間を豊かにする前庭

各生活単位には前庭があり、玄関までのアプローチとなっています。女子棟は彩り豊かな菜園、男子棟は直接広場へとつながるなど個性ある生活空間をつくります。

断面計画

敷地の形状を活かした配置計画を行い造成面積を抑えます。
高さのある地域交流ホールを敷地の低い東側に配置し、周辺環境にも配慮しています。
敷地に高低差をつけることで、子どもたちに楽しい場所を提供します。

様式7-1

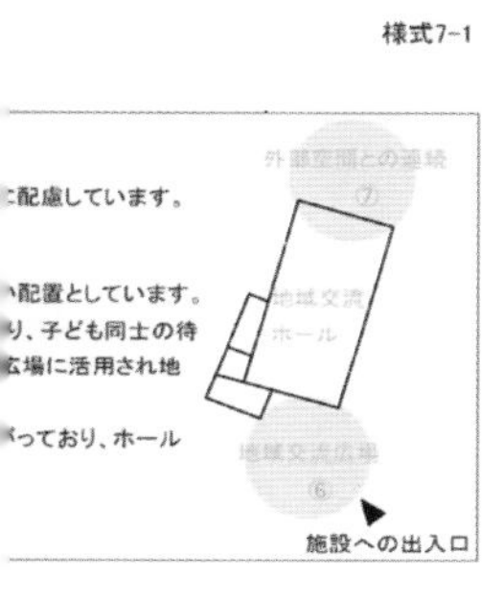

に配慮しています。

い配置としています。
り、子ども同士の待
広場に活用され地

っており、ホール

– 独立した環境の家庭生活実習室

他の子どもから距離を取るため管理部門の2階に配置しています。
一般家庭や下宿先のようにするため、施設の中からではなく屋外から直接アクセスできるようにしています。
教育実習生や入所児の家族も使用することができます。

– 多目的室を豊かにするハイサイドライト

北東に面する多目的室に南側から光を採り、明るく暖かな環境で子どもたちが過ごせるようにしています。

– 管理しやすい事務室

施設への来客が見渡せる位置に配置しています。また、玄関、相談室などに近接しており素早い対応ができます。

– アクセスしやすい相談室

施設を訪れるボランティアや学校の先生、父兄、児童相談所の方がアクセスしやすい配置です。

– 各生活単位にアクセスしやすい調理室

半調理された食事を各生活単位に運びやすく、また配送車がアクセスしやすい位置に配置しています。
子どもたちは廊下から調理の様子を見ることができます。

応募登録番号:13

2

新潟县上越市儿童养护设施“若竹宿舍”新建筑提案之基本设计方案。设计理念是“(男生)我的,(女生)我的,大家的家”。首先 1. 进行了整体理念介绍，2. 提出整体配置方案。用手绘的方式营造一种欢乐的气氛，3. 展示每个生活空间的功能及结构，4. 介绍居住性能、居住成本、运营计划等细节。

1

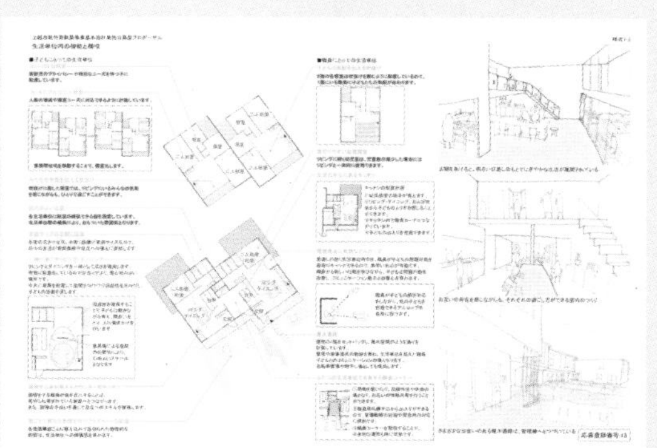

3

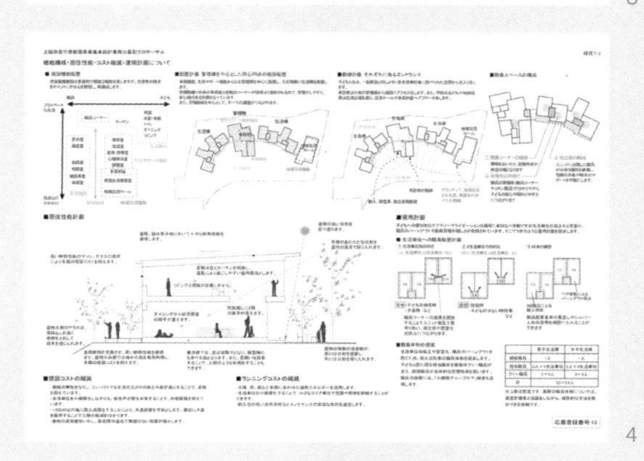

4

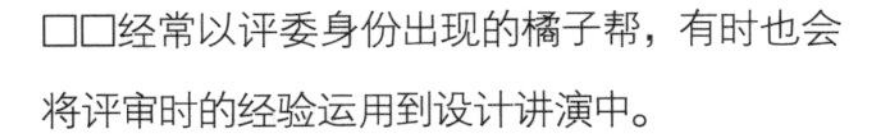

评委提出的尖锐问题有时也是出于好意

□□经常以评委身份出现的橘子帮，有时也会将评审时的经验运用到设计讲演中。

□□“是有这样的情况。重要的是能够尽快了解评委想提出什么样的问题。然后就是识破评委之间交流的本意。（笑）”

□□评委之间的交流?

□□“评委的提问中包含着‘希望将自己的想法传递给其他评委’的意思。某个评委想要推崇自认为很有趣的方案时，他会通过提问向其他委员传递自己的想法。反之，有时也会出现‘虽然其他评委都十分认可这个方案，但我对此方案完全没有理解’的状况。所以通过提问的方式，评委会将‘我认为不好’这样的评价暗地里传递至周围评委。因为大家都在听评委的评论，所以评委不会直接说‘我认为这个方案就到此为止吧’这样的话语。”

□□还有这样的策略···

□□“所以，如何回答评委提问十分重要。面对尖锐的评价及提问，有很多机会可以通过回答，让喜欢自己方案的评委伸出援手。评委并非都是建筑师，不同背景的评委，对于其他评委给予的否定性评价，有时也会帮助参赛者提出疑问。对于尖锐的提问，有的评委会意外地伸出援手，提出‘那个部分是不是稍微改进一下比较好? ’的建议。参赛作品都是未完成的作品，所以只要能够解释明白就可以。这也可以成为对持否定态度评委提问的回答。但是如果你没有分清敌我，对于伸出援手的人置之不理就不好了。”

□□在设计讲演时，评委也在表现。

□□“设计讲演，并非只有一个人在说在做，而是互动。有交流的对象，是面向对方在推介，即使对方没有回应，我们也应该认为他在做出回应，按照这种感觉走下去，一般都会成功。”

□□讲演并不是生硬的去读某篇文章，而是推介。

□□还有重要的一点，就是不要看着资料说，要边看着评委的脸，边说“我想这么做”。

□□“看着评委的脸，基本能了解到评委是否对我感兴趣；虽然对我不感兴趣，但是是否对我进行了客观评价；是否感觉很迷惑等等。当然也有一些人从他的脸上读不到任何信息。能够

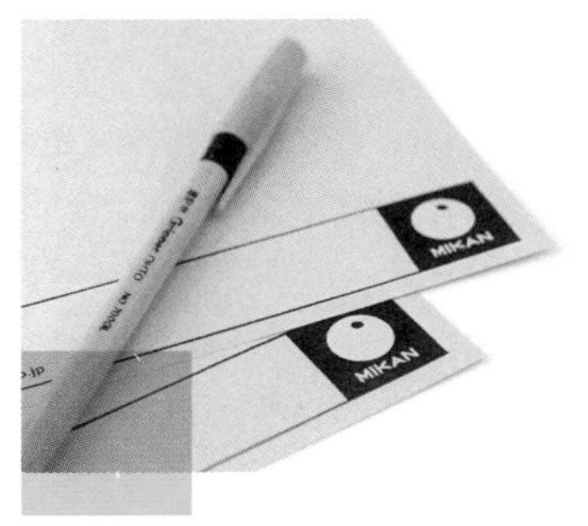

在设计过程中四人会分享各自的想法
四人间已经没有异议
所以是由四个人强大的力量去做讲演

了解评委精神层面的事情，也是十分重要的。”

□□虽然这么说，但是“最终，我们都会着眼如何将希望表达的事情更加清楚地表达出去。”

□□“请让我做这个项目!（笑）”

□□“并不是那样（笑）。我们应该向评委传达，我想试着建造这样的建筑。信念越坚决越容易成功。除此之外，我不知道还有什么其他的好办法。”

□□笔者问道这些想法是不是四个人共同的想法，他们立即回答道“当然”。

□□“在设计过程中四个人已经开始共享思维，这是我们的优势。在设计过程中，对于问题点及解决方法，我们已经做了大量的讨论。所以即使评委提出属于意想不到的问题，我们也都曾事先做过考虑。”

□□四人之间已经完全深入考虑并解决了所有问题。

□□“设计比赛，目的只有一个，也就是让评委能够选中我们的方案。我们会考虑为了达到这个目标该做什么，这是十分简单的问题。能够针对目标设定应该陈述的内容以及应该传达的内容，这其实也是我们能够客观思考的表现。”

□□所以，讲演的方法，并未规定必须使用模型或者电脑效果图。橘子帮每次都会考虑适合比赛的讲演方式。

□□“我们想做出的东西保证与其他人不同。重要的是如何将那部分传达给对方，关键在于不制造谎言，完整地将自身理念传递过去。”

Column

请教建筑师们的沟通技巧!

**设计讲演的基本是沟通。
我们私下倾听了与客户、
职业人士
以及工作室职员打交道的
方式。**

Tadasu Ohe
大江 匡

录下自己的讲演，通过回放纠正自己的讲演缺陷。

“有时也会让员工不做事前练习就直接参加真正的设计讲演。为什么呢？因为不论做多少练习，评委的表情以及现场的气氛都会变化。设计讲演一般不按程序进行，我更注意的是两句话之间的‘啊–’‘哦–’‘然后–’这些随意加进的不好的说话习惯。我曾为一位员工拍摄他的讲演后让他看，结果这位员工1分钟内说了7次‘那个’，当时员工本人就惊呆了。”

C+A
腔棘鱼组合

在员工会议中用自由题目进行设计讲演

赤松说“建筑及设计都不是一个人能够完成的事情。同他人进行沟通是绝对有必要的。”在C+A工作室，会有定期员工会议，会议中会有讲演训练环节。由员工轮流担任讲演人员。听众则是小嶋、赤松及其他员工。要求讲演人员用10分钟的时间向大家介绍最近感兴趣的事物。题目设在建筑之外，可以单纯讲述，也可以使用幻灯片、唱歌、跳舞。“这是在让员工练习制作策略，让他们思考应该向对方说什么，如何准确传达自己的意思”。讲演结束后，大家会发表各式各样的意见及感想，有时逗得大家哈哈大笑。“即使没有什么经验，面对自己喜欢的事物，应该可以做到制定战略并进行演讲吧。这些经验能够最终体现到项目中是最理想的。”

MIKAN
橘子帮

大家因喜欢美食而相聚

橘子帮当时的想法是能够在工作室举办美食品尝大会，所以他们的工作室搬迁到了一座可以改装的大楼里。这四个人以及工作室其他职员都十分喜爱美食，所以大家在工作室里设置了厨房（走廊旁很奇怪的地方就是厨房）。如果有机会还会召开例会，“牡蛎的季节会召开牡蛎火锅派对”“春天举办蘑菇大会”或者“品尝福冈无农药蔬菜”等等。有时员工老家会寄来新鲜食材，大家就以此为主题召开品尝大会。每次都是大家中的某一人担任主厨，大家还会喝酒，有时还会制作橘子味啤酒，橘子帮口香糖（当然，是非卖品）。

Manabu Chiba
千叶 学

已经宣布“不再制作模型版面设计”

“由建筑师决定一切会让人们感觉设计十分死板。有一次在现场，我们回收了各种设计模型，当然尺寸大小各异。当时我说，就这么大小各异的使用吧，我们不进行版面设计，所以这些交给工匠们处理吧。大家十分惊讶，说这样很难办。我们提出很多条件，对方会说难办，那我们说随意，也难办。什么是随意，大家议论纷纷。其实，我们确定了规则。规则就是‘横向全部对齐，纵向设计随意’。工匠们十分高兴，并将我们的模型命名为‘自由模板’。做成后，整体设计有一种创新的感觉，由此也产生了新的质感”

Ryue Nishizawa
西泽立卫

从讨论中产生的乐趣

设计住宅与一次成败的比赛不同，需要一直与客户沟通，有很多有趣的事情。

“即使互不相识的人士，在不断讨论过程中，可以产生很多可以共享的事物。可以称之为前提。比如‘厨房和客厅当然要连在一起’，如此一来，其在那种环境中生活的形态会产生共享。有时这种沟通会变得很有个性，在外人眼里会很奇怪，但是我们的讨论确实是在正常进行。通过这种沟通的方式设计出的建筑十分有趣。”

传达 METHODS
或 &
形态 BEHAVIORS

尽量不使用“方言”
以平稳直白的态度面对
更能清晰地传达

为了战胜压力
站到正中心去
只有做出好的建筑才行

可以思考互相之间清淡的感觉
直率明了的发表比较好
这样才好表达真实意图

共享是否有兴趣
是喜欢还是讨厌
是发表的核心

制作发表画册
可以俯瞰设计的过程
还可以整理头绪

站在对方的立场上想问题是不够的
应该变成对方

思考业主想做什么
想怎样改变
这个时候需要进行超越了他的想法的提案

Yasutaka Yoshimura

吉村靖孝

architect

媒体上频频崭露头角的一面
冷静观看建筑业界并对抗根本问题的另一面
这样的年轻人的希望是重视“高度重现性的发表”。

□□“我所重视的是，我的发表不可过分依存于我的个性。”何出此言，全因为“重现性尤为重要”，如此，一字一句都礼貌慎重的吉村先生。事务所的所有工作人员，无论是谁都可以进行和吉村先生一样的发表，无论是谁都可以做出和吉村先生一样的资料。就是想创造这样的环境。

□□“重现性越高，听我发表的人向其他人转述的时候，就会越准确的表达我发表的内容和思想。比如说，客户项目负责人向上司报告的场合这个时候如果转达错误，那么日后再怎么沟通也是无济于事。因此，资料的作成也需要尽量避免复杂化，力求制作出任何人都可以正确重现的文件资料。”支撑这种重现性的方法，便是导入版面设计格式系统，主要用于制作事务所内部发表排版和小册子的时候。

□□“A4，A3等，准备了各种尺寸用纸的版面格子格式，字体，文字间隔调整等等，在我的事务所里都是被规定的。图片数据资料也是存档于固定的位置，读取数据，选择图片，然后只要啪的粘贴一下就完成了所需要的文件。”

□□仅仅如此，制作出来的小册子的完成度却是惊人的。在建筑事务所里，连资料的字体，文字间隔等细节都被规定的是不是很少见呢？记者问及。

□□“导入了这种系统，不管是新手还是老手，都能制作出基本相同的资料。”

□□也就是说，员工A做的资料，员工B也可以进行发表。

□□“我认为所有的工作人员都能够共享各种各样的信息资料，才算健全的吧。”

□□"关于发表的重现性，是我在荷兰MVRDV（建筑师威尼·马斯Winy Maas，雅各布·凡·里斯Jacob van Rijs，娜莎莉·德·弗里斯Nathalie de Vries 主宰的设计集团）里工作的时候受到启发的。他们每进行一次发表，就会制作一个册子，还会进行精心的装订，有1厘米厚的，也有2厘米厚的。但是，册子的每一页都只写一句话。翻开书页，正中央就只出现一行文字，继续翻下一页还是只有一行文字。就像画册一样的感觉，制作这样的小册子的目的就是讲话思路绝对不可以错。"

□□也就是说，没有排版设计的概念，书的构造本身就是追述故事的轨迹。这个确实是"听过说明的客户，可以准确无误地向上司转述"的有效方法。

□□"当我听说是为了这个而制作这样的小册子的时候，我顿悟了重现性的重要。"

□□可惜在日本，近乎完美地追求和塑造故事性，是不是有些背道而驰呢。

□□"也可以说多少有一些游戏的味道，留一些可以用不同方式阅读的余地，可能会更受欢迎一些。所以说，尽量在一张纸上总结几个内容，既可以介绍相关的信息，又可以发表这些内容。"

□□这种想法在上述的排版系统里也得到反映（P.115）。比如说，不在书的正中央打格子线的设定就是一种表现。在纸张上布局图片的时候，不是靠上方就是靠下方，但是这种选择的判断就完全丢给使用者了。

□□"虽然基本上是重视重现性比较枯燥的作业，但还是欢迎多多少少的变化。所以在这里是留了余地的。"

□□说起MVRDV，受到了雷姆·库哈斯Rem Koolhaas极大的影响，在设计里，图表、图形分析图的使用是非常有名的。吉村先生在发表的时候也是大量的使用分析图表的。

□□"不是用各种各样记载了大量信息的图纸来说明问题，而是指筛选出必要的部分，经过简略化处理，然后去表达的一种方法"，如此被扩展的复数的图表（P.118）。谈及这种图表的表现力和品味，就算直接作成明信片使用都是无可厚非的。

任何人都能够正确表达
任何人都能够制作出相同的成果物
想创造这样的环境

留下些许的余地
当我希望被理解的时候
图表非常有效

□□“举个例子，如果需要设计一个‘条形的，可长可短能够伸缩的集装箱’，这个时候，不是说要画一个详图，标明了‘可以从几米伸缩到几米’，而是画一个只表现能够伸缩的简图就够了。没有任何原因，如果想突出‘伸缩可能’这种程度的印象，简略图就是最佳选择。”

□□简化过的图纸等于图表，这是一种工具，去掉繁冗从而容易被理解的去叙述故事的一种工具。“留下些许的余地，当我希望被理解的时候，这将成为非常有效的手段”。如此这般说法，如若质疑平面设计的品味，看过了就明了了。

□□“我很早以前，就特别喜欢平面和产品的设计，特别喜欢看发明了同型（象形图的一种）的奥图·纽拉特Otto Neurath的书。”

□□就连模型用的桌椅，都是不折不扣的图形设计。就是把剪纸重新组装起来，只要有吉村先生设计的图纸数据和切纸机，公司里任何人都能做出一模一样的桌椅模型（P.122）。

□□“简直成了‘办公室套装’（笑）”。小册子也好，家具模版也好，全都来源于吉村先生自己所持有的品味和灵巧。然而，绝非把这些归属于个人，而是一定要沉淀成一种可以和别人共有的状态。并且，共享的不只是技术，而是全部。

□□“连发表时候的服装等，也是有一定程度上的规范的。事务所里的工作人员，不应该是坚决地固守着自己的做事方式，我想首先应该学会共享。因为我想，共有且被同化一次以后，便可以理解了自己如何把控与之的距离。我倒不是想把员工们都变成我的复制品，相反，倒是相当欢迎持有不同意见的人。只是如果存在了一种能够被共有的，像尺子一样的衡量物的话，那么不同的意见更会显得与众不同。”

Presentation

case 绝境之佐岛度假别墅

位于神奈川县横须贺市，以周为单位出租的度假别墅。为了在大城市里派生出度假区的优美环境，启用了一个向大海开放的程序

Each tube features different materials, colors and dimensions, which serve to create a different impression of the ocean view from each tube.

Like a picture frame, the window of the living room crops the sea.

Sunlight seeps in from the corridor

Study table on the 3rd floor

Sunlight passes through circlar hole.

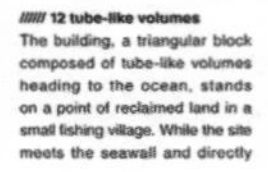

Opening directly onto the ocean.

The book shelf sliding door

The size and shape of each tube focuses the experience of each space in the dining and living room.

Bathroom on the 3rd floor

NOWHERE BUT SAJIMA

Completed in 2009

////// A home for guests

Nowhere but Sajima provides a temporary 'home' for its guests. The weekly rental service provided by Nowhere Resort is a relatively new method of operating resort properties in Japan, and allows different tenants the opportunity to inhabit a 'home' on a weekly basis. While the weekly term is short compared to a standard yearly rental and long compared to a hotel stay, this in-between length accommodates a new diversity of uses of a 'home'. Serving as a space for exhibitions, as a classroom or for wedding parties, the unit easily adapts to the imagination and invention of the tenant and in doing so also re-defines the range of activities that can take place in the 'home'. As well as accommodating the functions of work and business, the 'home' again becomes the space of many life events beside the basic function of 'inhabitance'. In acquiring a new program for use, the 'home' regains the richness of activity that can take place all around of life.

////// 12 tube-like volumes

The building, a triangular block composed of tube-like volumes heading to the ocean, stands on a point of reclaimed land in a small fishing village. While the site meets the seawall and directly faces the sea, it is also faces other buildings across the water. To provide adequate privacy without the use of curtains, narrow tube-shaped spaces were bundled together and angled to provide openings toward the sea. The orientation of these tubes naturally blocks the line of sight from the adjacent apartments and while gazing down the length of the tube from inside only the ocean can be seen.

While providing an escape from the tide of urbanism characterizing what we normally call a 'resort', the design still maintains the key aspects of the resort experience. We have created a place reminiscent of looking out to sea from the deck of a ship.

Diagram of the view and privacy

////// Soil stability and trianglar plan

In order to avoid putting any load on the existing seawall while elongating the ocean-facing side of the building, it was necessary to shift the center of gravity away from the seawall by using a triangular plan.

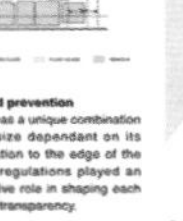

////// Fire spread prevention

Each aperture has a unique combination of glazing & size dependant on its position in relation to the edge of the building. The regulations played an active but positive role in shaping each opening and its transparency.

Ground floor plan 1/300

2nd floor plan 1/300

3rd floor plan 1/300

Section 1/300

Section 1/300

SITE: YOKOSUKA, KANAGAWA, JAPAN / USE: WEEKLY RENTAL HOME / STRUCTURE: RC 3 STORIES / BUILDING AREA: 63.88 SQM / TOTAL FLOOR AREA: 176.65 SQM / MAX HEIGHT: 9,459 MM

NOWHERE BUT SAJIMA

摄影　吉村靖孝

A3纸用排版小册子。说明文、照片的解说文、项目名称之外，文字、照片，排版基准格子都同样地被统一起来。具有美感设计的不只是这个项目的这个页面，翻看其他的页面，所有的书页都能感受到统一感。照片也都是吉村先生自己的摄影作品

无论什么类型的东西
只要套用在这个系统上就能被
清晰的体现重现性也非常高

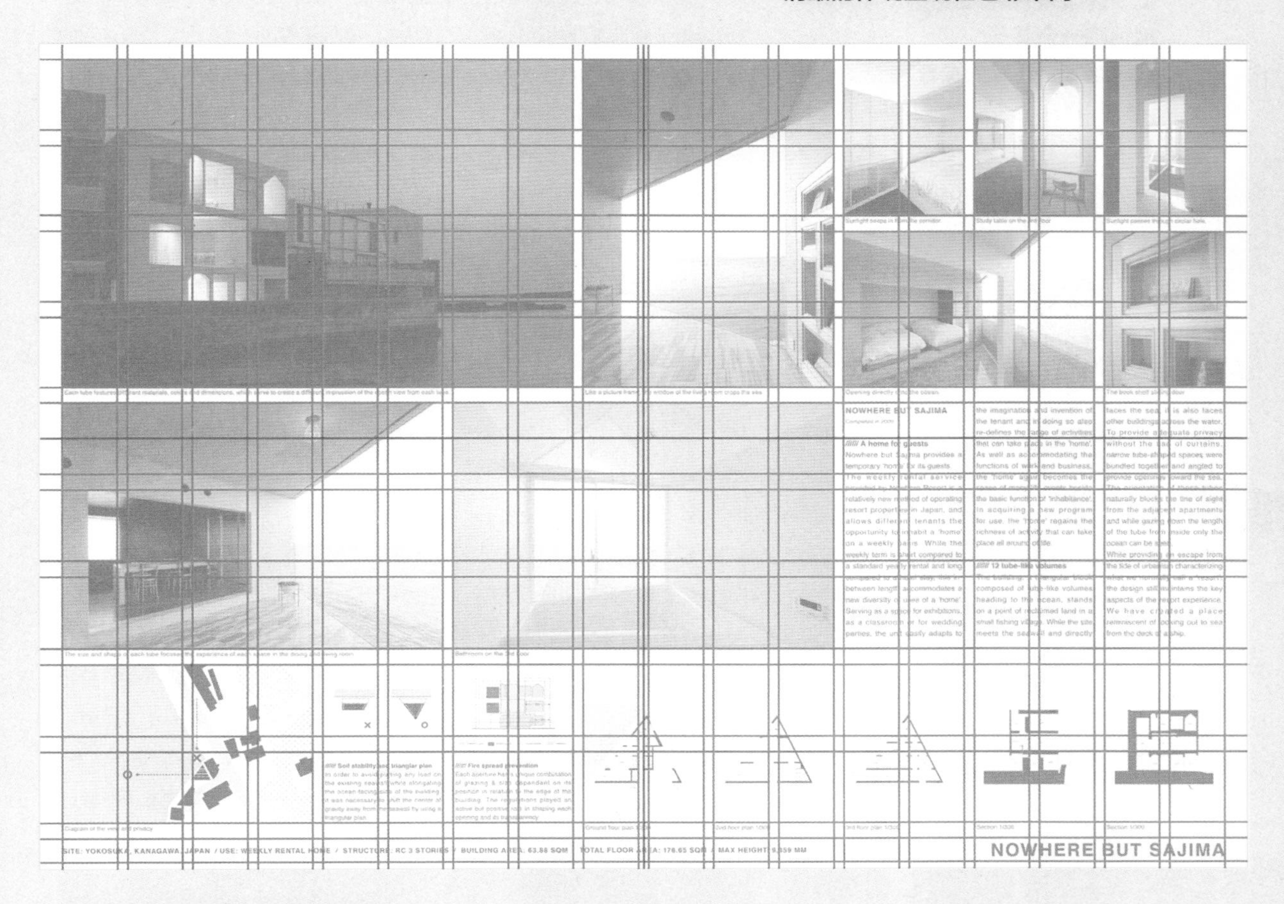

A3 纸用小册子中被规定的格子系统。由于竖向
格子为奇数，这便留下了设
计重心该偏向何方的余地

比要建起来的建筑
稍稍降一个调子
我想这才是正确的发表

□□“建筑师是没有办法准备样板房或者展示厅的，所以发表是非常关键而重要的。只是，说到我们的发表，其实就是一种即将要被建造的物体的重现。提高发表的品质是必要的，但是也无需太过投入。因为发表时候的文件，比实际建造起来的建筑还要好的话，不会觉得哪里不对吗？我认为，发表的程度应该比实际建造的建筑要稍降一个档次为宜。”

□□可以说是要强调随时保持一种中立。

□□“为什么这么说，因为每次都是在做不同的事情。也可以说是强调我自己的个性吧，对反复做同样的事情完全没有兴趣。这样的结果是做出来的东西颜色各种各样，形状也是不尽相同。所以，每一次都要重新开发一种发表形式实在是太费事了。要根据建筑物的形状而设计发表吗？或者说针对红色的建筑设计发表吗（笑）？所以说，我想应该尽量采用比较中立的发表手法来表现，格子系统的发明也属于这一环。什么类型的东西，放到这个系统上都可以呈现，重现性也是很高的，我觉得这些是很重要的。”

□□重视中立化，对于发表工具，比如小册子，发表板，基调等等，什么都使用经典模版的吉村先生。在这里只有一个例外。

□□“建筑师因为没有样板房，所以需要发表。那么我想就准备一个样板房好了。”

□□这个样板房就是——Nowhere resort（绝境度假区）——一栋短期租借型别墅。

□□“正好业主是我的亲戚，我就想如果也能作为我们的样板房使用就好了。这样就可以带着开发商去看一看，我们建造的房子究竟是什么样子的。也就是说，尝试了把建筑物当作一种发表工具来使用。实际上，后来在这里入住过的人，还有联系到我给他们设计自己的别墅呢。”

□□如此的吉村先生，考虑发表骨架的时候都注意了什么呢？

□□“往往会出现文脉过于清晰而失败的时候，话说得太满了的情况（笑）。简单来讲，就是沿着一条笔直的路说一个故事，结果开发商对途中某个环节产生疑问时，故事就讲不下去了。为了避免这种情况的发生，事先就得准备好逃

往往想中立
我所考虑的只有这个

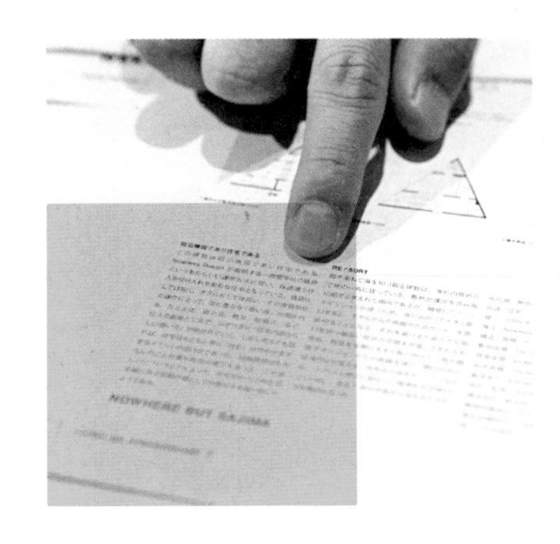

生路线，或者说思考一下即便是被某个问题卡住，也可以调头回到原路上的路径。创作这样的故事，是我一直很用心的。”

□□那么，这样发表的故事创作，有没有被反馈到实际的建筑上呢？

□□　“思考了如何发表的工作或者创作，会非常大的影响设计本身”，吉村先生如此说到。发表的主轴是，向他人表述。那么放下建筑设计的过程，向他人表述的要素是如何结合组成的呢？

□□“如果假设建筑是一棵树，那么实际上我平时的造型设计，大多是从叶子开始考虑的，从树干开始考虑几乎是没有的。但是，发表的话，光是叶子，换句话说上来就是细节的堆积也是无法组织语言传达的。那么，就要给叶子搭上树枝，再装上躯干，这便是组成故事的工作。通过这样一个过程，想像的东西势必会影响到设计上。当然，并不是说为了发表而设计，发表这样的行为，其实是其自身非常重要的采访。”

□□吉村先生说到，发表是有用的东西。

□□“要让树看出树的形状来，是不得不把各种各样的要素组合起来的，促成其组成的便是发表。另外，如果不适当的定期进行发表的话，想法也好，设计也罢，都会停滞不前的。”

Presentation

case 中川政七商店新社屋

在三角形规划地上建造的老铺批发总公司兼仓库，贩卖传统工艺品的生活杂货。有点儿像江户时代的商家，有着被长条分割的平面特征。2010 年竣工。

TALL & SHORT

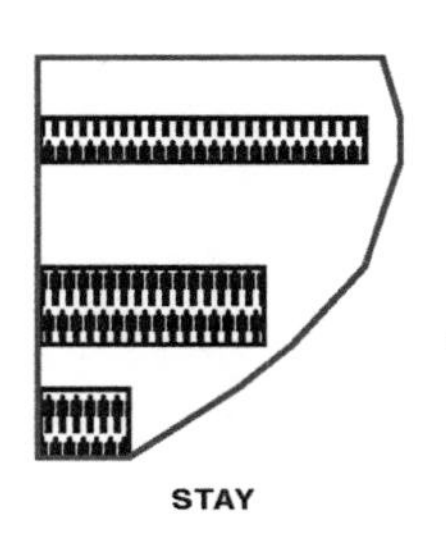

STAY

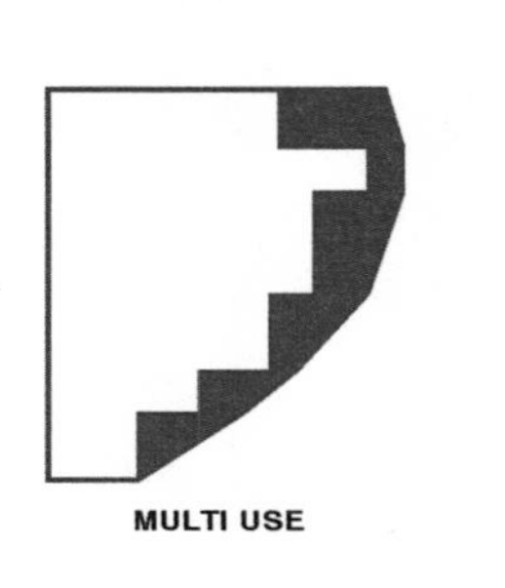

MULTI USE

EXTENSION

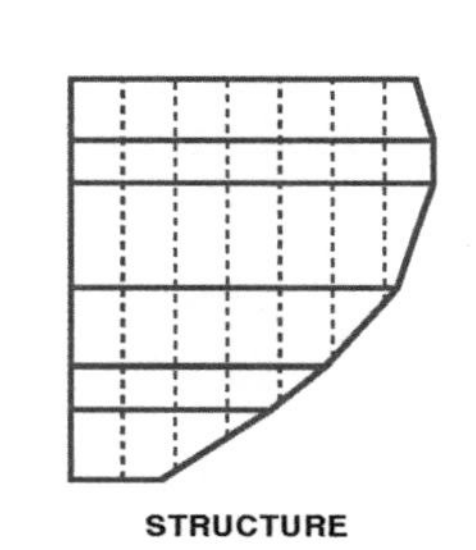

STRUCTURE

说明如何在三角形规划地上，配置长条块体量的象形图。为了展现建筑物的高，人的停留，配置方式等，把多样的参数进行了视觉化

被长条块体量分割的建筑立面，使用了排列在周围住家连续过渡下来效果的梯度屋顶。基于高低差和倾斜度的变幻，展现创作了不均质的办公空间

在象形图表上渗入参数
很久以前开始就特别喜欢平面设计

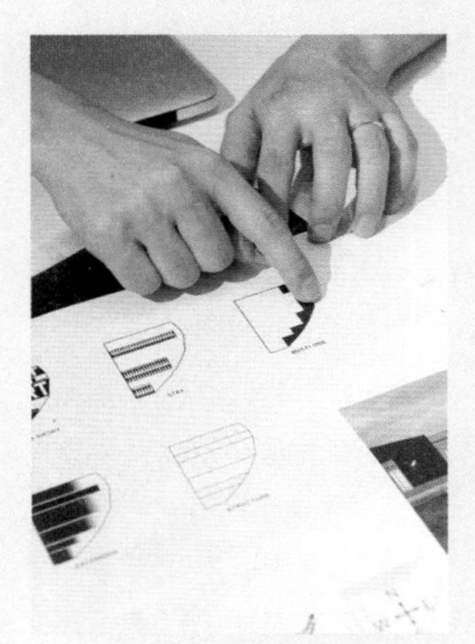

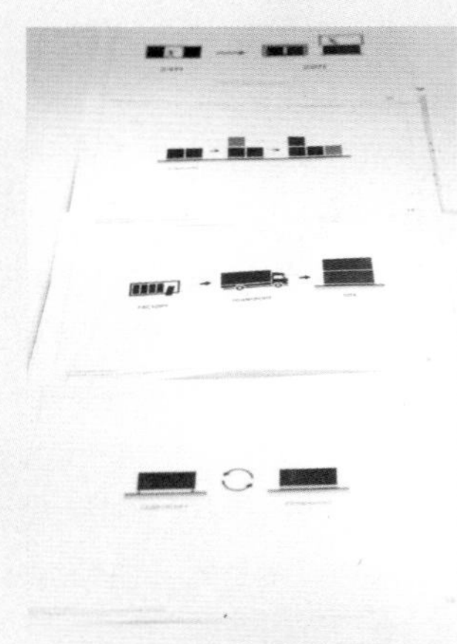

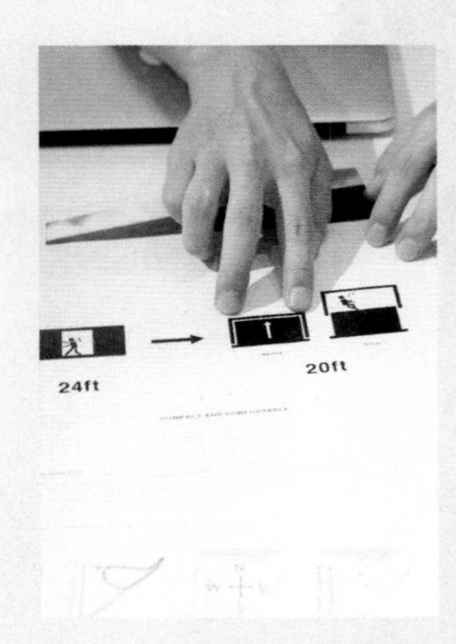

左丨“在想适当程度的放宽范围得到理解的时候，非常有效的手段”如此这样的图表。所有的都是吉村先生做的。右图是和大和租赁公司共同开发的紧急灾害用的基地，其基础设施的自由单元“EDV — 01”的象形图表。导入的 20 台的海运集装箱单元，设置以后，把外壳抬起，就变形成两层建的居住空间。

右丨“总是参考眺望”，奥图·纽拉特（Otto Neurath）的书。纽拉特是奥地利的社会学家 / 哲学家。研究平面设计，和 Illustrator（插画软件）的 Gerd Arntz 等合作，发明了 Isotype（图像符号）。Isotype，是一种通过图片和绘画来表现各种各样的信息与统计，“对谁都能传达意图的表现方法”。和勒·柯布西耶（Le Corbusier）也有交流，影响波及到了建筑和城市规划领域。

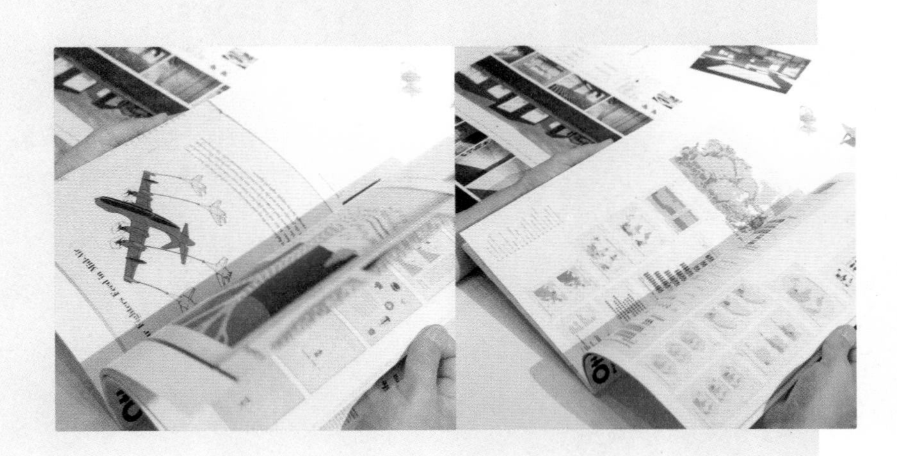

从 3D 图纸到折纸图!
学生时代的汇报
相当破天荒

□□"学生时代的发表，尽可能的使了花招。配上红色和蓝色的眼镜，可以立体观看等等……"

□□竟然是3D图纸!

□□"提出尺寸被规定为A3，就在A3纸上画了折纸线，照着线折就成了建筑物（笑）。然后还做过两层的图纸，或者说是把图纸做成袋子状，在中间装了比例尺。比例尺大概都是在图纸右下方的，不容易对比。如此，在袋子里装上可以自由移动的比例尺，任何地方都可以正确地测量了。"

□□像这样大量的"有意思的发表"诞生的原动力，归咎为"把建筑平面化表现时，首先类似建筑的性质的东西，如果不能表现在发表展示板上是非常没有意思的。也就是说，如果把视角放到让展示板自身立体化，那才有意思。"

□□曾经思考到这个地步的人，如今回归到"中立性发表"这件事，也是挺有意思的。

□□"这是因为，学生的发表和建筑师的发表，需要面对的对象完全不同的缘故。我们的发表，是为了建造建筑物的，而学生的发表是发表自身就是一个作品。不把十足的热情投入进去，是不可能完成有意思的东西的，也得不到好的评价。"

□□向建筑事务所投递的个人简历作品集也是相同的吧?

□□"衡量的尺度比较困难吧。使了浑身解数，费了九牛二虎之力做出的作品集，如果内容普通的话，必然是减分的。"

□□发表是针对听众的。对谁发表，不能不改变方法和语言，吉村先生如是说。

□□"因为建筑图纸是专业人士画，专业人士看为前提的，所以应该尽量中性化，用标注语言来完成。我个人认为应该不要插入"方言"，直白地表现才能够传达意图。履历作品集跟这个很相近，需要提出的，是可以容易判断自己能够做什么的资料，所以，以平稳直白的态度面对比较好。当然，说直白就直白了也不太好，如果送来光是建筑图纸的资料，也是比较困惑的（笑）。"

□□吉村先生接着说到了，在直白的表现中，也有表现自我的方式。

□□"我在学生时代做的作品集是黑白的。A4硬封皮，没有彩色页面。这个说是直白表现，

尽量不使用“方言”以平稳直白的态度面对更能清晰地传达

不如说是因为当时没有彩色激光打印机。比较讨厌喷墨打印机的质感，‘如果是复合机的黑白复印中边缘的立体质感的话，可以原谅！’，只基于这个理由。”

□□说是中立的，也是存在不退让的点的。

□□“说到这里，还做过特大号的发表册子。感觉要走起来展开……不错的话，应该是A0版的。同样一张效果图，仅仅是因为尺寸大，印象完全不一样。突发奇想的关键在于，无论如何想知道做大了是什么效果。因为实在太麻烦了，只做了一回就不做了，果真是感受到了尺寸感是非常重要的。到现在，还一直迷茫于应该把小册子做成A3的还是A4的。图片，照片的话，A3尺寸是绝对好的，但是填写的文字会变得冗长乏味……”

□□担心大小和文字的冗长，也是因为喜欢平面排版设计。说到这里，发表展示板里的照片也都是自己照的?

□□“也不是全部，就是因为喜欢所以经常摄影。比起作为一个作品去摄影，不如说是潜心于方便发表使用，清淡地照一些正统的建筑照片。这样，也能成为一种对自己创作的建筑物的一种审查。因为竣工以后马上就要交与业主，认真看完成品的建筑的机会还是很少的。”

□□吉村先生说这话的语气相当平淡，但实际上他还参加了建筑摄影培训班，收集各种广角镜头，相当投入的样子。

□□“36岁的时候，突然发现自己好像没有什么兴趣特长。‘这样下去，我的人生应该挺糟糕的’，所以硬着头皮选的兴趣便是建筑摄影（笑）。也不管别人怎么说了，给工作注入了一些趣味，还是挺有意思的。”

Presentation's tools

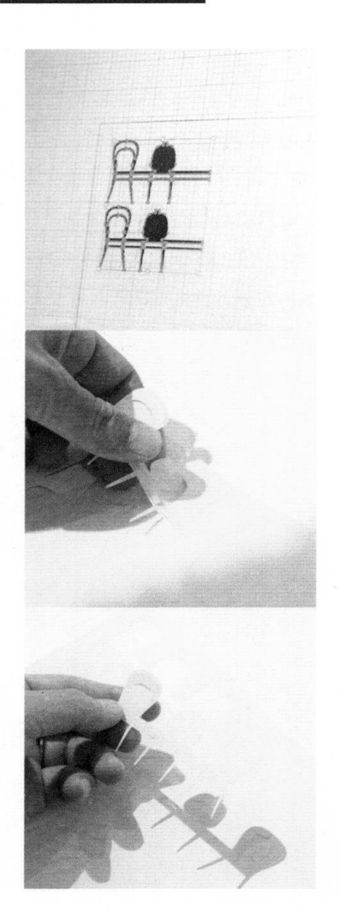

小型剪纸家具模型
所有的工作人员都能做出一模一样的

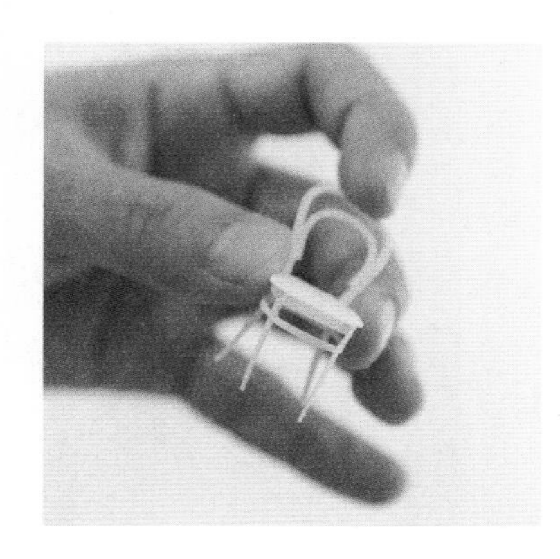

“一般来说应该是年轻员工的工作，但是自己却经常坑哧坑哧做起来了。(笑)”，边说边给我们看了小型折纸的家具模型。吉村先生设计并排版的电子文件（左上图），用切割机器切割，然后，手工一点一点组合起来就完成了（右图）。这些文件都在办公室的局域共享里存档了，所以员工也好，兼职打工的也好，谁都可以做出一模一样的来

开始摄影以后
建筑也跟着变了

最爱的相机是佳能的 5DMark Ⅱ。建筑摄影用的 17mm，24mmx2 台，45mm 的广角镜头都齐全了，建筑摄影必备品水平测定仪也是配套的。“接受杂志编辑采访的时候，围在摄影师身边转悠也是兴奋的不行了。”拍摄自己的建筑的时候，非常注意为了便于报告书使用，都是以中立的角度去拍摄的。“通过镜头，空间的呈现方式和意识的调配都是发生变化的。开始摄影以后，自己做的建筑也是跟着发生了些许的变化。”顺便说一下，事务所里，还挂了许多吉村先生的照片，都是用大张的帆布印刷装裱的。“去年生日，员工们还租借了附近的美术展览厅，给我办了照片展览会呢。”这些员工们成了徒弟，还在事务所里开了摄影教室。

上丨吉村先生摄影的《横滨海湾船屋酒店》。导入了别墅型客房的酒店。

Study Models
模型小宇宙

从小的道具
到巨大型规划地
全部的，都用模型思考

Interview

C+A

小岛一浩+赤松佳珠子

architect

多数的“学校竞标”中
都尽收胜利
小岛一浩先生和赤松佳珠子女士
持续获得胜利者
骄傲，执着和压力中
怎样进行精彩的汇报?

□□“这么大的压力，到现在为止还是没有体验过的。可以这么形容……真的算得上困难重重的竞标了。”赤松佳珠子女士娓娓道来。“我们在学校竞标上算是很强了，做的项目数也多。如果做了多少被感觉‘又用同样的手法’的提案的话，那肯定是胜不了的。”如此回答的小岛一浩先生。

□□从熊本县的“熊本艺术市政府项目”，到宇土市宇土小学校（全面改建）的提案竞标的话题。确实是，说到Coelacanth And Associates (C+A)，“学校”就是一个代名词。到现在，获得了好几个小学的竞标优胜，是一个王者的存在。

□□C＋A提案的，让竞争的建筑师们和审查员们惊叹的是，《置身于杂木林树荫中的教室，无限的接近室外的学校》这个设计方案。学生数约800人，教室数约30个，即便是这么大体量的小学校，看了模型都会有一种“哎? 一个窗户也没有吗? ”的感叹，就是这样一个崭新的设计方案。

□□“不是不是，不是没有窗户，而是全部都是开口啊（笑）。宽广的校舍都是用折叠式的框架围起来的，基本上这些门窗都是开放使用的。这样的话，操场和中庭和木甲板阳台以及校舍内部，全都变成了一个连续的开放空间。”小岛先生如是说。加上，室内排列的不是单独的房间，而是有着分割作用的“L”字形的RC墙。在校舍里分散配置这样的墙壁，“L”字内侧可以成为教室空间，“L”字外侧便成了通路以及自由使用空间。也就是说，是一个哪里都不关闭的学校。

□□起始是2008年。作为艺术市政府项目，小学校项目的发表是第一次。但是，宇土小学校和纲津小学校，两个方案竞标同时进行的是非常少见的。

赤松：“两个小学校同时报名也可以，只报一个也可以的形式。”

小岛：“基本上所有的人两个小学校都报名了，我们两个基地都看了，但是只报了宇土小学校一个，也算是稀有的了。”

□□一次审查基本上是实际业绩审查。每个项目各选了五名，之后是公开的二次审查。审查委员是伊东丰雄先生，顾问是曾我部昌史先生和桂英昭女士，建筑师主导型的审查成员。

小岛：“决定做的话，没有压倒性的胜利就没有意义，如果是不上不下的作品还是不要交的好。只参加了宇土小一个竞标也是这个缘故。”

赤松：“审查员也是说的这个话题，目前为止的延长线上的东西也是不行的……”

小岛：“因为是‘业绩主义的筛选’，不本着让谁都说不出什么来的水平参加肯定是不行的。这些都讨论过的。”

赤松：“参加艺术市政府竞标是我学生时代就有的梦想。终于有机会了，而且是学校呢。这个要是拿不下来，可怎么办？既有着超越现状的意义，又有着挑战建筑世界中特别存在的意义，真的是禀受了非常大的压力。”

小岛：“但是，战胜压力的方法只有创作好的作品一条出路，没有技巧而言。站到正中间去，换句话说，没有建筑上的新的表现方式是不行的。某种意义上讲，需要朴素的，像组合枝干一样的，按着一条直线行进的东西。”

赤松：“对的，要让人有一种‘想看一看这个建筑被建起来的效果’的感觉。”

小岛：“到现在为止我们的建筑，即便是看起来相当过激，实际上在建筑规划阶段都是按照容易被证明的方式创作的；当然，也有讨厌过于精致的成份在里面。但是，宇土小学的方案，是绝对不会出现理论先行的方式，应该属于‘相近于概念的建筑’。所以，如果这点做到了，那么不仅作为学校可以有一个创新，作为建筑也是呈现了谁都没有看过的东西。做了如此这般断言式的精神准备。”

赤松：“当然，不是说创作一个跳跃性的作品。规划中如果出现破绽，就算用尽伎俩强行营造，

为了战胜压力
站到正中心去
只有做出好的建筑才行

如果规划是有破绽的
就算用尽伎俩强行组装
也是绝对会被看破的

面对这样的审查成员，也是无济于事，势必要露出马脚的。不管是多么有个性的东西，也要准备背后所有的计算，必须做到可以毫无瑕疵的解答才行。"

小岛："要做彻底深入的。意思是说'活用经验值，考虑到了甚小入微'这一层事先不给予说明。"

□□就像刚刚说的一样，像双簧一样的两个人。这种说话技术的奥妙放到后面再说，那么到实际方案完成为止呢?

小岛："第一次去宇土小学的时候，在开放的校舍周围，看到孩子们溜溜地跑来跑去的样子，有了一个非常强的印象。听闻，夏天的半年时间，不管是外面还是里面都必须是光脚走路的教育方针。所以当时就想，这么活力十足的学校生活，一定要打造一个把这种活力持续下去的场所。"

赤松："就是这么单纯的出发点，便联想到了'把教室群置身于杂木林的树荫里，无限的接近外面的学校'的概念。"

小岛："只是'无限的接近外面等于开放'，那么就是不能使用空调了。说到这，规划地是一个夏天几乎没有风的地方。带着身体感知的问题，首先用CFD（数值流体力学解析）开始了风力流向的解析。结果是，通过无限开放的空间设计，成就了一个空气流动的、并且能够感知的建筑物。来参观的市民和教育局的人士也都有'好舒服的风啊'的反馈。"

赤松："学校不是也会成为灾害时的避难所的么。这个时候，即使没有空调，人们也能舒适的生活，这个是绝对必要的。审查员们也说'宇土小学很可能成为今后地标性建筑的'。"

Presentation

case 熊本县宇土市立宇土小学校＃1

“熊本艺术市政府”的提案竞标中提出的宇土小学校（全面改建）设计方案

1

2008年公开审查中被指定为设计者，经过1年的设计期，于2009年冬施工，2011年7月竣工。右图为二次审查时的方案规划书。五张连续的发表展示板中的第一张。下面是1层，上面是2层。规划地全体，分在布局了植物和“L”字形墙的模型，几乎分不清到哪里是校舍，到哪里是庭院。主要以表达‘把教室群置身于杂木林的树荫里，无限的接近外面的学校’这一概念为目的。模型中使用的植物，竟然是真的树木！“因为想表现在鲜活的树木中间，孩子们的活动。”（小岛），“使用真实的树枝树叶，和使用把雾霭草喷了漆的东西比起来，效果完全不一样”（赤松）。2011年12月，AACA奖（日本建筑美术工艺协会奖）获奖。

学年教室ゾーンのアクティビティ

＜雑木林の木陰に教室群がすべりこむ＞　限りなく外のような学校を提案します。

提案するのは、＜L＞型の壁と＜ルーフ＞によってアクティビティ（活動）の濃淡が刻一刻と変化し天気図のように移ろっていくスペースです。

模型摄影／掘田贞雄

"建筑作为背景就好"
表达这样的意思

**首先只传达建筑的“概念”
具体的部分一点一点
进行明确。这就是精彩的汇报**

□□“发表展示板怎么做，怎么展示，每次都相当苦恼”小嶋先生说道。宇土小学校的发表，要求使用五张A3纸，第一张（前页所示），是相当抽象的。乍一看，有种是不是建筑都不太明白的印象。接下来，翻到第二张和第三张，详细的部分就变得明确了，说明也变得具体化。观看者自己心中的解像度会体会到一点一点升高的感觉。

小岛：“比起是什么样的学校来说，在这样的风土中，作为建筑是如何构成的，想要怎样建造是关键。为了传达这个，才把纯概念的东西放在最前面的。”

赤松：“有树，有家具，有孩子们，这就是学校的全部。‘建筑作为背景就好了’也表达了这层意思。”

小岛：“是这样的。和目前为止的开放式学校的不同在于，为了这个学校的新思考方式，决心做了‘宇土型’的提案。”

赤松：“之后，第二张以后，就开始说明需要交代的部分。虽然看起来很抽象，但是只要解释一回，就能传达这个方案的意图。从改建时候的临时规划，到施工期间孩子们的上学动线，全都考虑了。”

小岛：“挺招人讨厌的发表。（笑）”

赤松：“非常难，表现到哪儿，隐藏到哪儿的判断。‘解决了但是不说明’有时候也会使方案变得强大。宇土小学校的情况，展示板五张中，表现到了详细部分，但是有关竞标要项的只占用了一张纸。”

小岛：“这种时候，不能全部都装进去。”

赤松：“我想，怎样展示审查员才会有兴趣是非常重要的。第一次解说之后，如果有第二次审查的情况下，如果没有‘明白大概经络，但是，还是想再看看’的部分的话还是比较困难的。设下什么伏笔才能进入二次审查，对于这方面的‘种子的播撒方式’考虑的相当多。”

□□阅读这样的发表，一步一步地种子变得明朗化的过程，也是其中一个特征。这是指实际上是一种明确的表达，是针对孩子们如果活动，如何玩耍的印象的表达。”

赤松：“考虑方案的时候，‘在这个空间里，人的活动的印象’，应该是在脑子里呈现的吧。‘这个角落的部分，好像能聚集很多孩子们吧’，或者是‘这边空隙太大了，反而不太好用吧’

赤松女士爱用的茶杯

如何才能调动审查员的兴趣
坚持到二次审查
考虑这个“种子的播种方式”

等等。我想应该一直都保持把人、孩子与空间结合在一起配套去考虑。”

小岛：“只是，在提案阶段，就只考虑用模型表现，墙体的精确的位置等细节问题不做考虑。确定这些细节要等竞标中取胜了以后再做。比如说，“L”字墙怎样排列，开口怎么开，从里面望出去的景色如何等等，就单纯的用3D数据解析就够了。实际空间落成以后才能判断的事项，不用脑子做思考，直接利用3D数据处理实际视觉化来解决就行了。”

□□另外，只是把审查员当作倾听对象的不算是发表，两个人都这么说。

赤松：“方案决定以后，为了总结实际的设计方案，还需要和PTA、地方政府官员讨论商议。这些就属于对外行人进行的发表了。特别是这次，特别认真的对待了这个过程。因为是前所未有的形式的学校，所以不得不表达清楚不是‘建筑师突发奇想从天而降的稀奇想法’。我想平衡这个温度差，是非常重要的工作。”

小岛：“我们建筑师，对于艺术市政府项目，抱着一种可以孕育新事物的期待。但是，即便是这么说，做出太过激的东西也是不合适的。”

赤松：“非常想感谢的是，地方的人士，保护者会上讨论的时候，艺术市政府的负责人每次都出席参加了。”

小岛：“不是监督管理，而是一种守护者的姿态出现，给予协助。所以说很多年来，艺术市政府，比起‘能够创造出个性的建筑’的头衔来说，更感觉是一个‘细致认真的交流中诞生创作的场所’。”

Presentation

case 熊本县宇土市立宇土小学校＃2–5

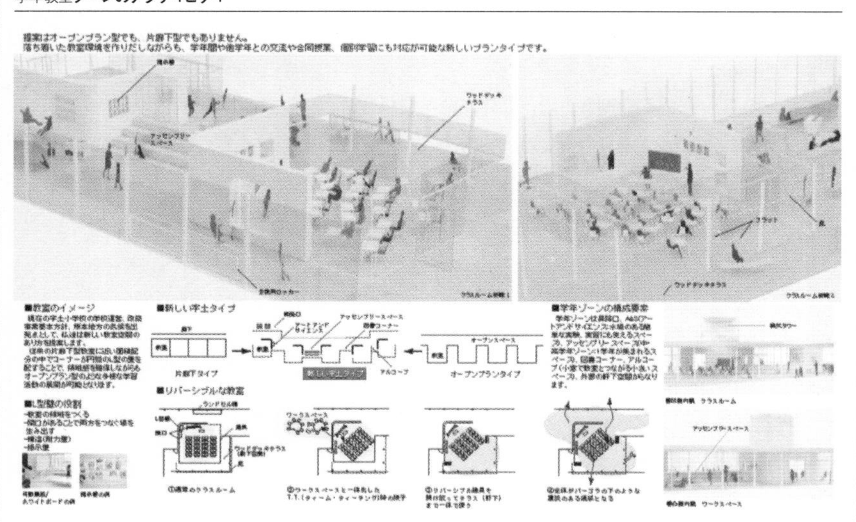

3

建筑为钢筋混凝土、部分铁骨造的2层建筑。中庭和操场与校园形成一体化，孩子们在里面自由地奔跑。外部和内部的边界是到天花的折叠开口，把这些都打开，外面和里面就变成连续的了。

2

提案竞标二次审查时的平面。130～131页之后的两张。校园内分布的“L”字形墙体到底是什么东西，在这里都清晰表现了。围绕着中庭的平坦的地板上，通过配置了“L”字形的墙体，内部可以成为学校空间，外部则可以成为走廊兼自由空间。

配置図・平面図・空間構成についての提案

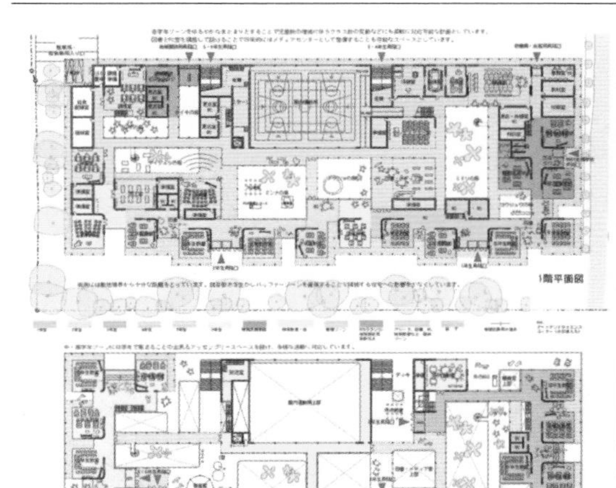

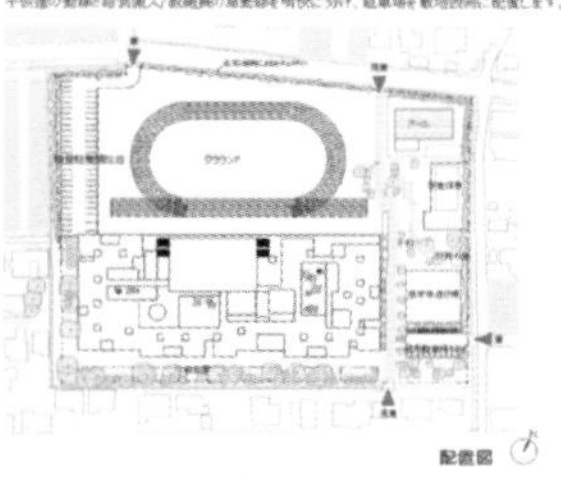

5

这次被要求的是全面改建方案。第五张为临时设计的说明。新校舍建成以后，旧的就拆掉变成操场使用。这样的过程，施工区域，临时围墙，甚至连施工中学生们上下学的路线都缜密地规划了。最短的时间内，针对环境也思考了好的方案

4

由第一张的模型照片导成平面图的第四张展示板。可以看出，空间被很多“L”字形墙体分割。教室群、特别教室等按目的功能被分配了颜色。整体上来说，包裹了中庭和中空空间，平缓的连接着

改築計画概要

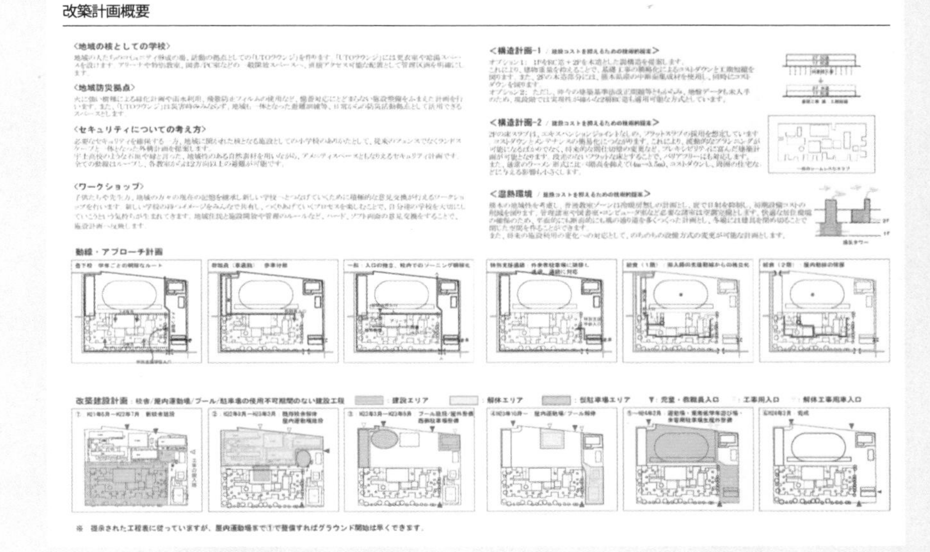

实际边说
边用秒表测量时间
制作发表稿件

□□“看年轻人的发表，有好多地方都觉得特别有意思。怎么可以说出那么有深度的话呢？还特别煽情。”边说边笑的小岛先生。但是，不只是发表，接受采访的时候也是，两个人也像说双簧一样。清脆明亮嗓音的赤松女士和沙哑低沉的小岛先生，感觉像有文稿一样，说话的接力棒就那么漂亮的传下去。

赤松：“确实是经常被惊问‘练了多久了？’。发表的时候会写发表稿，但是觉得不会照着念的。”

小岛：“大体上就站在屏幕的两侧，像双簧一样啪啪啪地说下去。一个人一直说的话，无论如何会变得很单调的。发表持续一天的时候，吃过午饭的第二组左右开始，审查员就会开始犯困了（笑）。对付这种状况，移动视线也是一种意义。”

赤松：“比如说，宇土小学校的公开审查，一组是15分钟左右。我们的发表使用了PPT。一般这种场合，听者都是一直观看幻灯片，如果说话的人发生交换的话，瞬间会引起听众抬起头来，是可以吸引注意力的。”

小岛：“只是，日语是可以很好的达成这种传球效果的，但是到了英语发表的时候就不一样了。特别是加入了英语圈以外的同步翻译时，我们的英语通过翻译如果没有被正确的传达就完了。所以在这种时候，我们都会认真的做好和幻灯片相对应的脚本，交给翻译。这样的话，多少说话有些偏离，也没有什么太大的影响。

□□日语也好，英语也好，基本上都是小岛先生介绍整体概念，建筑概念等，而赤松女士就会说具体的内容。

赤松：“家具呀孩子们活动呀，这些话由我说比较容易产生共鸣。”

小岛：“是是，赤松比我更能带着生活的真实感表达不是么。”

赤松：“以前去广岛发表的时候，很偶然的，只有我一个人提前一天到的，就去了规划地。本来之前和小岛两个人一起去过，知道那是一个挺寂静荒凉的地方，也反应到设计中去了。但是，一个人晚上又去的时候，又黑又恐怖，吓得不行了。”

□□第二天听了这些话的小岛先生和员工都认为，把这些在发表的时候坦率地表达出来比较

小岛先生的必需品是Seven Stars（日本香烟）和太阳镜

好。因为规划地的环境带给我们的感觉都体现在设计方案上了，赤松这么述说着。

赤松：“我就说了‘虽然说是负面的因素，昨天一个人去了以后，又黑又可怕’，之后又说‘正因为如此，才考虑了这样的建筑方案’，这样就把话串联起来了。这个时候比起小岛说‘一个人去了特别可怕’，还是我说比较好吧（笑）。”

小岛：“是的，是的。”

赤松：“之后开始说，‘这里不说明的话就无法表达’这个部分，但是绝对不会打开所有的结进行说明。如果还想听更多的话，肯定会被提问的。‘这个地方一定会被提问的，一定要准备被提问的时候能够说明清楚’‘这一点留着疑问解答的时候说明’等等，都是要进行判断的。”

小岛：“如果想把所有内容都说出来的话，那么语速就得提升的相当快。”

赤松：“但是，光是考虑这些也不够，不实际地测试一下发表时间是不行的。比如按15分钟发表计算，大体写一个发表稿，然后边用秒表计算时间边演习发表。这一章需要几分钟，那一段需要控制在几分钟内，去调整整个发表在15分钟以内完成。”

小岛：“最后的30秒到一分钟左右，预计适当的拉长缩短的分寸也是很重要的。大概用几分钟可以进入这个环节正好，按照这个程度进行的话后面的部分要缩短，等等，都需要事先设想好，最后的时候拉平。有的时候还准备了完结篇滚动投影页呢，时间够的话，就加一些说明，时间不够的话，直接切掉就可以了。”

赤松：“说到底，当终止铃响的时候，说‘感谢静听’然后敬礼结束是最美的了（笑）。”

站在屏幕两边
像“双簧”一样的演说

Interview

Makoto Koizumi

小泉 诚

designer

“想实现一种看着对方的脸创作出的设计”
如此表达的小泉 诚先生
解析了关于产品的制作现场的发表

□□当我们拜托给我们看一看最标准的发表的时候，小泉先生边从小木箱里拿东西边说“那还得说是卡片”。

□□“首先是这个。六年前，接到南部铁的商品设计委托的时候，关于做什么好跟商家讨论的时候用到的卡片。”

□□明信片大小白色的卡片，像拿扑克牌一样，一张一张地摆在桌子上。用彩色铅笔，钢笔等画着的是：不知道是什么的黑色块状物熔化掉的图画，以及面包圈的画，开瓶器的画。感到好奇到底要开始说什么呢？

□□“比如说，‘是曾经去一个熔铸工厂时候的印象……’当时就是一边说，一边这样一张一张的拿出来。”

□□首先，小泉先生指着这张铁熔化了的图片。“铁，熔化的时候是像液体一样的是吧？”小泉先生说道。“这样的话，很多很多的形状都是可以被做出来的（一下子就把启瓶器的图片拿到前面来了）。”“还可以用石头或者木材铸型，（这个时候，指着面包圈的图片）用像面包圈一样软的东西做出一个型来，也可以铸型的。”

□□就这样不假思索地带进这个话题。

□□“就像这样，一边展示这些图画卡片，一边说明它的特性。这样一张一张地出示卡片，一边进行‘敲一敲会发出声音’‘耐火性强’‘很重吧’这样诱导式地会话。当然对方也会有不同的意见，这个时候察言观色，就会发现对方对什么比较感兴趣。比如说听者可能会显得对声音比较关心，对耐火性没什么兴趣，诸如此类。”

□□实际上，意思是说在观察对方的样子。

□□“毕竟这个是为了了解对方更多信息的一种发表。”

□□一般情况下，商品也好住宅也好的发表，都是为了有利于说明规划或者设计而进行的。但是，小泉式的卡片发表，首先是作为了解对方的工具而使用的。

□□"就像卡片游戏一样的，感觉到对方对一些话题不感兴趣的时候，就边说'就是的嘛'边把那张卡片收回来。如果发现对方对铁的重量的话题感兴趣的话，就会说'那么，不如考虑一下利用重量可以创作的工具吧''可以做书籍支撑架啊'等等，然后就可以寻找具体的方案和好主意了。就是用这种方式，去了解对方的喜好。"

□□之后，进行了为了决定设计的发表，就诞生了"tetu（铁）"这个铸铁式的门支架和书籍支架。小泉先生使用这种卡片式发表已经十年了，很多地方，各种各样的发表，都使用了这样的卡片。另外，使用这样明信片尺寸的原因是，很轻便灵活的，可以像做游戏一样的使用。

□□"很轻松是不是? 方案还没有成形，我也是实在没有办法做出完美成熟的发表。所以就用这种非常轻松的方式提案，给自己留一些余地，也可以让对方很好的理解。互相之间都可以得到一种有余地的空间。"

□□确实是用这种方式进行，被接受提案方也可以不被拘束，能够很放松坦然地探讨方案。

□□"这种场合下的方案，能够很轻松地表示否定态度才是好的，这样才能得到真正的对方的想法。可以很随意地把别人的方案用手推开讲'这个不行吧'（笑）。虽然是被否定了方案，但是是件好事我也可以附和'啊，这个是不好哈'。"

□□在使对方的情绪放轻松以外，自己的情绪也可以很轻松，这样的小泉先生。

□□"但是这个真的是非常重要的事情。考虑一件事的时候，情绪紧张了，思想也会跟着变得非常硬性。普通的发表可能要花上好几个星期，用这样的卡片的话可以思考到最后的最后。还可以对应瞬间的变化，不太合适地说，把修改以前旧的方案一起拿出去也是可以的，目的是可以增加我们的手法。'虽然起先是这么考虑的，但是还是觉得不妥，就按这样做了'。"

在最初的阶段
为了"了解对方"
而使用卡片式发表

可以让相互间都有一种轻松的感觉
直率的发表比较好
这样才能表达真实的想法

□□而且，用这种方式的话，如果说业主是复数的情况下，可以达到一种所有人都可以边看、边碰触、边确认相同的东西的状态。

□□“是的，实际上委托方那边的想法也是没有统一的，或者说也有很犹豫的时候。这样大家一起研究探讨，想法也会统一起来的。在这个过程之后，再去做模型，落实方案，再进入深化后的发表阶段。这个时候，大概的想法都是共享了的，所以只要有图纸和随意的模型就能很顺利的进行了。”

□□越听越觉得，这是一种带有交流工具作用的卡片发表方式，但是小泉先生却解释道“使用这种卡片的契机，其实是很偶然的，由于太忙了，没有充分的时间准备发表……突然想到的方法，没想到意外的效果特别好。哎，其实就是这么回事（笑）”。

□□卡片上，陆陆续续的会有一些用罗马字手写的文字。

□□“基本上，抱有一种文字之类的不读也罢的想法。但是，无论如何想写一些什么的时候，如果用汉字或者片假名，一眼看过去一瞬间就知道意思了，也不会再深究下去，换句话说也不会被追问什么。但是，罗马字就不一样了，还是会被关注一下的不是么？‘NA•KA•YO•SHI（日文发音）’，啊！关系好啊，就像这样被强调一下的感觉比较好。‘HYOI•TO•TO•RE•RU’，啊，轻松去除啊，原来如此！”

□□插画也是，要画的简单明了，画出愉快的气氛。

□□“我想稍稍有一些漫画风的，更能表达意图。现今的发表，大多数都很正式的用投影仪放影像的，但是像这么放松的可能会更舒服吧。”

□□好的想法灵感，一般都是记录在随身携带的小本子上的，还会画一些插画。

□□“当然，正式发表时候的卡片，是相当用心精心制作的。研磨，正坐在宣纸前，屏住呼吸，习字，这种感觉的心里。过分显得生硬就不好了，所以也会再重新画一回，画得更柔软一些。可能会看起来挺随意的，但是是心境上的问题。”

Presentation

case kaico

2005年开始的搪瓷厨房用品“kaiko（开口）”系列。“开口”很大，有着像“蚕”一样柔软的白色，日本的美丽的道具

从“为了知道不知道的事的发表”开始了搪瓷锅的创作

1

想知道的事情，想提案的事情，
探寻对方喜好的事情。
把这些画了画的卡片，
像扑克牌一样拿出来
这就是小泉流的发表。
这个案例是，关于搪瓷、
不太懂的小泉先生，
为了知道搪瓷
而进行的发表。

2

“以前的搪瓷的形状
是有的吧。首先探寻了这些形状
是带着什么理由被制作出来的”
直的锅，尾部扩张的形状，
边出示卡片边提问题。
“哪个比较好做？”

3

“这种零件的安装方法
可以么？”
“比较耐火的形状是哪个？”
不知道的事情
都问委托方！

4

“投入了很多精力在锅盖
的形状上。
搪瓷的话经常会有
使用卷边形的时候，
存下很多污垢的情况发生。
知道了这些理由
就提了一个
只解决这个问题的方案”
不使用U字形的卷曲，
到边缘部位都用搪瓷覆盖的
清洁美观的锅盖完成。

受到刀具品牌的委托，更加符合现代感形状的
容易亲近的刀具，设计了“盐梅”系列。
自2011年开始的项目

从重视刀柄形状
开始的刀具制作
首先用刀柄模型做了发表

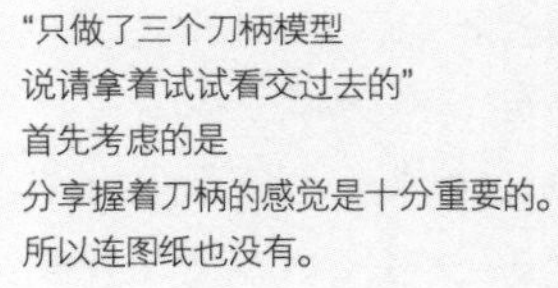

“只做了三个刀柄模型
说请拿着试试看交过去的”
首先考虑的是
分享握着刀柄的感觉是十分重要的。
所以连图纸也没有。

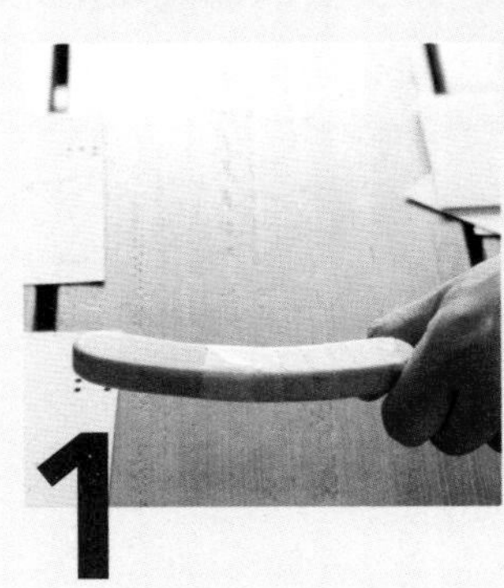

1

2

粗细，握起来的感觉多少有些不一样的
三种模型。
最里面能看到的是
一般市场贩卖的刀柄
“这是一直都有的刀具的形状。
摸索了和这个不一样的东西。”

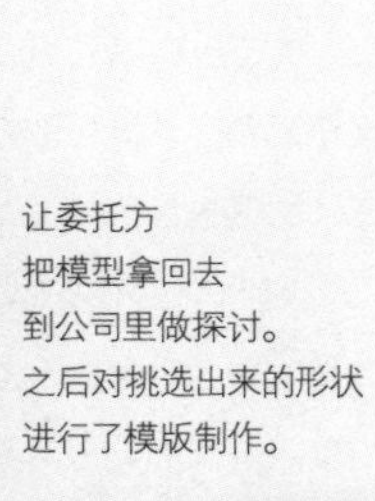

让委托方
把模型拿回去
到公司里做探讨。
之后对挑选出来的形状
进行了模版制作。

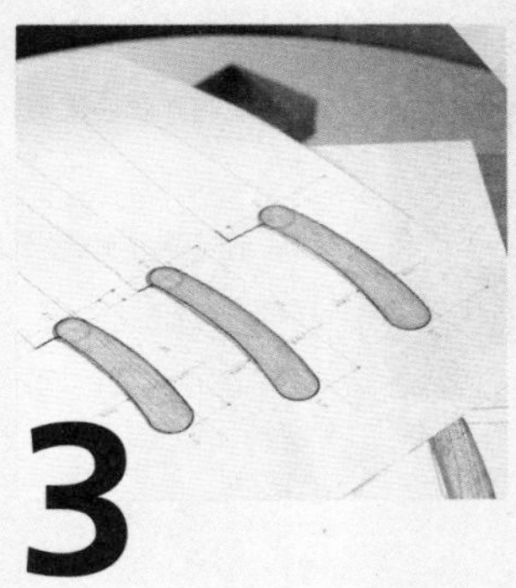

3

4

在被挑选出来的模版上
装上没有开刃的刀
一边确认手握的适合度
一边进一步做调整。
“方便使用容易亲近
想得到的刀具”
还有一点就完成了。

为了知道不知道的事情
发表也是起作用的

□□“接到搪瓷锅设计委托的时候，搪瓷是什么东西都不知道”小泉先生这么说道。大概是七年前的事情（142页）。

□□“最初的发表里，使用了一直用的卡片，‘搪瓷的情况，是笔直的管状形还是发散形的比较容易做？’‘这样的安装方法可不可以？’等等，提了很多这样的问题。也就是说，在了解对方的同时，我自己对搪瓷不了解的地方也有了提问的空间，可以说成为了一种这样沟通的工具。”

□□搪瓷也有搪瓷自己的制作方法。所以带着这个问题，小泉先生去探寻了搪瓷特定的制作形状的理由。

□□“随着问题的解答，意外的发现，什么形状好像都没有问题，有些形状看起来很是担心，但实际上反而是最容易制作的，等等诸如此类的发现。”

□□从锅开始，水壶、罐子，等等各种各样的变化诞生了，人气系列也成长了。这个开始，其实就是确定知道什么，询问不知道的事情为开始的发表。

□□“还是沟通的问题。毕竟我们不知道的事情还是有很多的。但是，在这种从不知到知的过程中，能够很好的整理自己的想法，自己想创作的形状也会随之成形。到最后，基本上都能变成所希望的形状。好像有点装着在听讲解不知道的事情，其实可能从中也会很适当的把对方卷进话题里来（笑）。”

□□说到这里，是不是也有不用卡片的发表呀？

□□“那个时候，有一个对刀具企业进行的第一次发表，就把这样的东西直接交过去了。”

□□那是一些刀柄形状的模型。图纸也没有，什么都没有，只有“刀柄”（143页）。

□□“拿拿看，感觉怎么样？就这么直截了当地问了。首先试着做了三种刀柄。”

□□比起现在有些刀具来说，想创作一些具有现代感的东西，是有这样想法的制造商，找到小泉先生开始项目的。不假思索的就想拿起来摸摸，这种感觉的亲密性高的作品就被委托了。

□□“被提出这样的要求以后想到的是，现今一般的刀具确实挺方便使用，挺好拿的。但是，如果真的有更容易拿的形状的话，到底应该是

有没有兴趣
喜欢还是讨厌
这些信息能够共享是发表的核心

什么样子的呢？之后就想，没有从一直以来被定义了的‘刀这样一种工具’中解脱出来的部分，还是很多的。所以就觉得为何不在这个视点上开始新的审视呢？”

□□为了摸索真正的容易拿握的形状，首先考虑了什么才是最重要的事情。所以之后才会，不要绘画，不要图纸，只把‘形状’拿出来，决定共享一种实际的握感。

□□“原本刀具制造商们应该是沉浸在原有的形态中的，但是这样做以后，他们拿着模型，就开始各种烦恼了。比如‘这样也可以吗’‘这种握法更好呢’‘现在是这个方向，但是反过来也挺好拿的’等等，诸如此类的发言，已经彻底投入进去了。这个时候，让他们把模型带回公司讨论，等到回馈给我的时候，就有一种迈向实际形状创作的感觉。”

□□卡片方式以及刀柄模型，两者其实都是相同的行进方式。

□□“有一种发表是表达，我自己有这样的想法。与之相反，还有一种发表是确认对方是不是感兴趣的发表。”

□□小泉先生说道，最终结局，是不是感兴趣不是才是发表的核心吗？

□□“菲利普·斯达克（PhilippeStarck）设计朝日大楼总公司的时候，从公文箱里掏出一个饰物样式的大楼模型来说道‘就是这个’。我也觉得，这个举动，其实是一种价值观的共有。从箱子里‘啪’地掏出模型的瞬间，如果委托方有了‘哦哦’的反应的话，那就说明已经达成共识了。如果是，‘这是什么？’的类似的反应的话，那么估计就不会被建起来了。不是具体的建筑物的图纸方案如何如何的次元式发表，而应该是类似对于这个东西是喜欢还是不喜欢的对话。难道这不是非常重要的么？先放着喜欢还是讨厌这样最重要的事情不确定，而是一味说这之后的事情的情况，我觉得还是挺多的。比起判定功能或条件来说，首先应该重视是不是喜欢，是不是感兴趣。”

Presentation's tools

到现在为止使用过的卡片都放在尺寸能放入书架的木盒子里保管着。下面的是南部铁产品发表时使用过的卡片。“想法都是在现场临时想到的比较多。到工厂访察的时候，一边激动着，一边把所见所闻以及与工人们的对话记录下来。这些卡片的内容也是以在铸铁工厂里想到的为基础的。”

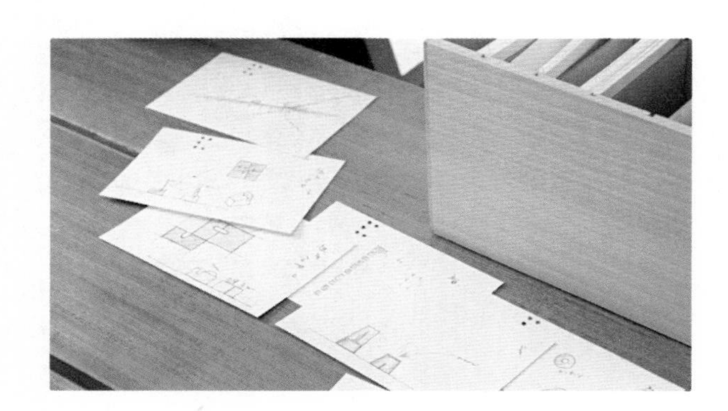

发表卡片的内容
都是在现场想到的事情居多。

Products

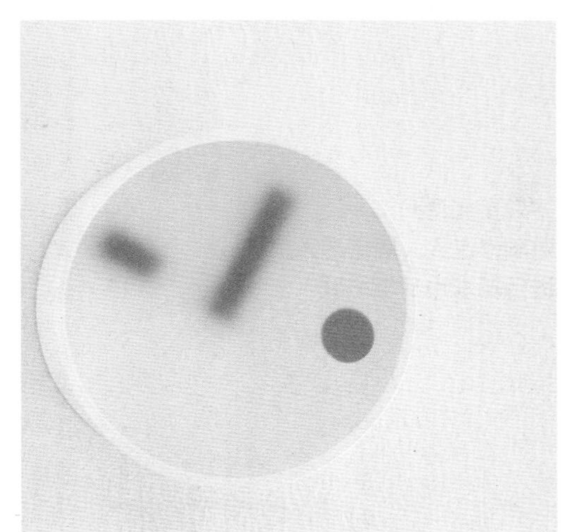

小泉先生设计的商品
放在了东京・国立美术馆里
画室“小泉道具店”里
右上丨使人对时间概念产生暧昧感，没有时钟的存在感的钟表《kehai》
右下丨用九州的天草制作的瓷器堆叠杯《圆筒》。具有重叠美，以及使用趣味
左上丨开始有田陶冶的创新形态而设计的商品《调理》系列。汤勺架，绞柠檬器具，研磨器具等

不只是制造商
对制作工人，销售店人员
进行发表也非常必要

□□“与长时间交往的制造商之间的发表方式也有不同。有点转化成日常性开发的感觉，产生了一种双方有突发的想法就会互相传送的关系。我会发送一些方案，但是没什么回应的时候，就会使用一些欲擒故纵的招数。比如说，我让员工拍一些我正在画画的照片，给他们发过去。‘小泉啊，现在在干什么呢！’这样电话就来了。然后我就会磕巴地问‘什么什么？’。‘真拿你没办法啊，那就给我看看吧’(笑)。那边也是，偶尔还会用学校里经常用到的刻着‘非常好’的印章，在我的图纸上扣一个章，给我回复过来。如何让对方的心痒痒的才是胜败的关键呢。”

□□发表其实就是互相传球，如此表态的小泉先生。在这之上，传球也各有不同的形态。

□□“扔出去再接回来，在同样的场地，看着同样的东西，进行对话，这一点是共通的。在这之中，既有亲密关系的发表，偶尔也有对方发表的情况发生。”

□□在一个土佐板的薄菜板的项目中，制作工人竟然向我做了发表。

□□“‘可以挑战一下薄度吗？’以这句问话为开始的工作。我大概说了‘如果做薄了以后像这样切割防卷线的话，板子就不会卷边了。’并且提了方案。之后突然有一天，厚度分别为8毫米、9毫米、10毫米的板子样品就被寄过来了。也就是说，这其实就是制作工人的一种发表。不知道算不算接了挑战状，我还真的没有想过可以做成1厘米的案板。既然如此，不若就试试做一个8毫米的好了。”

□□由于是获得了来自制作工人的发表，完成了别人不能模仿的设计。

□□“一般创作作品，无论如何设计师都是注视主体的。但是，制作工人就不一样了，尺寸的感觉，如何使用材料等等，都是非常重要的。我想，设计者不应该先去考虑作品的形状，而是在思考和研究的过程中生成形状才是正确的。这个和地方街区规划中，如何运用地方资源是一回事。如何灵活的运用对方的特征特色是极为关键的。”

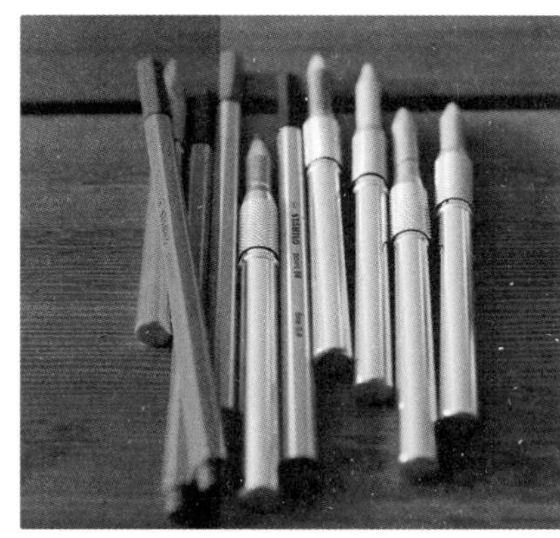

画卡片用的马克笔和彩色铅笔

相反的，还有听取制作方发表的情况

□□正是因为这样的观点，小泉先生才能设计商品，并且能够一直坚持创作。

□□“是不是对一起工作的人或者制作者有帮助，坚持创作的动机其实只有这个。我偶然站在了设计者的立场上，是确实感觉到自己的作用了，所以才会有坚持下去的热情与动力。商品创作完成的喜悦，看着商品在货架上陈列的喜悦，试用以后感觉很好，正是因为我的创作是可以听到或感觉到这些反馈的。自己的工作可以得到持续必然是高兴的，但是能够与制作的人或者使用的人之间保持这样的关系，也是非常重要的因素。有的时候制作工人给我道谢的时候，甚至会有想哭的冲动。”

□□因故，小泉先生说对各种各样的人进行发表是很必要的。委托方当然包含其中，制作工人也好，销售商以及销售人员也如此。

□□“话说像商品、住宅这种范围的东西，跟创作有关的人共享想法和设计意图的话，谁都不会放手不顾。完成的作品，既有精度，又可以注入思想。进行交流，共享了价值观以后，明显的可以提高效率，商品完成的效果也明显有差别。这个真的是非常不可思议的事情，而且也尤为重要。”

□□特别是，如何向制作工人传达，也是相当重要的一个因素。

□□“不要让委托方觉得只是得到了一个设计方案，而是应该让他们有一种一起参与制作方案的感觉，这才是我们发表的必要性。到达这一点虽然说实现起来很难，但是简单的交流对话中都可以传达这种意识。偶尔一起吃饭喝酒的时候，也可以趁机问一问‘我们的方案怎么样，真的觉得好吗？’，有的时候通过这样的方式也能听到对方的心声。喝酒也是很重要的……哎? 怎么只在这个时候做记录呢? ”

□□啊。

□□“其实说发表，就像现在这样，观察对方的动作，从中读取一些信息是最开心的了。”

レイアウト
BEYOND ARCHITECTURE

Interview

Kensuke Watanabe

渡边健介

architect

在美国以建筑师身份登场的
渡边健介先生
通过手工制作的小册子
以及新生代机轴三维影像坐标
和数码数据相交织的发表
开展攻势

□□“看这个正方形的小册子，就像这样，可以放到口袋里……看，尺寸正好。”

□□渡边先生一边说着发表使用的资料，一边不紧不慢地站起身从衣架上拿起一件红色的外套，套上外套后，把一个小册子拿起来，顺势就放进了口袋里。

□□“每做一个项目，就用同样的排版制作成一个小册子。”

□□从住宅，店铺，医院，到教会的十字架，经手的作品各自的内容，都融入一册。封皮的图案和设计各有千秋，但是全部都是14厘米的正方形。

□□“每每到有很多人的场合，都会装一本最新的小册子放在口袋里，会掏出来给别人介绍‘最近在做这个’。会有很多人觉得有意思就聚拢过来了，这样还能够展开很多话题。”

□□翻来看看，图纸，CG，建筑照片的页码也有；工匠特写，风景照片的也有。原来如此，便是记录了一个建筑物完成为止的整个故事情节。

□□“不光是已经完成的项目，还有即将要提案的设计草图也用同样的模版制作。也就是说，这种小册子，不仅是发表用的工具还可以作为作品集使用。或者说还是这种口袋尺寸的营业工具（笑）。”

□□装订的话，采用与建筑图纸同样的装订方法。

□□“单页印刷，然后对折，把背面粘起来，按照顺序排列下去。是确确实实的手工制作。”

□□“到这个正方形排版最终成型，还是经过了很多变迁的。这是最初在以前的事务所（C+A）里担当住宅项目时，做的纪念小册子。”

□□工作人员进行商讨的情景，一点一点建造起来的铁骨，照上了业主的照片，没有指定的场合，就是一本叙述性的小册子。

□□“不是为了发表，就是向大家发放了‘付之了劳苦，打造完成了美丽的建筑物’的纪念画册。这让大家非常高兴。”在这之后，相继有了严格的书籍形式的制作版本，还有接近杂志形式的试行版，最后回归到现在尺寸的方便携带的版本。最终定型成小册子形式，还是受到了作为建筑师在美国开始活动中的经验的影响。

□□“上课也好，竞标也好，被要求提出小册子的时候比较多。所以，也形成了一种习惯。这种形式非常好的地方在于，可以与对方正面相对，一张一张地翻阅进行下去。”渡边先生一边说，一边打开教会屋外十字架增建的项目册子。

□□“最初有三个方案（翻开一页），还考虑了使用带锈铁板的装饰物的方案。内侧涂白，打造了一个‘外部即使是生锈了，里面也是美’的主题。但是计算了成本以后发现比预想超出得太多太多（翻篇），所以从构造开始重新考虑。于是将气仙沼市的造船技术活用在建筑上（焊接工的照片），就是这样一个状态。最后完成的是，厚28mm的铁板像打蝴蝶结一样扭成的拱形屋外十字架。人们靠近它，沿着扭转的曲线会诱导人们的视线向上方延伸，顶部闪闪发光的十字架便跃然眼前。”

□□“完成了铁板三次元曲线造型，多亏了具有造船技术的技术人员。”边说边翻到的书页上，展示了以晴空为背景，吊起了巨大的铁拱的照片。

□□“在气仙沼制作，远程搬运过来的。就这样，编辑了到完成为止追踪拍摄的所有情景。”

□□另一方面，在制作发表用小册子的时候，首先要有解说，要有概念印象，一边翻下去就会慢慢具体化下去，有平面、剖面图纸的形式比较多。

□□“比起提交一个装了图纸的文档来说，还

一张一张地翻看
说明故事
喜欢这种具体的手法

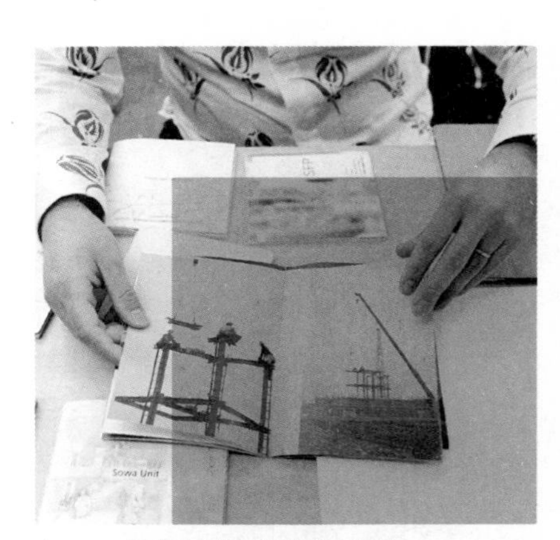

在C+A工作的时候做的初期的小册子。
跟现在的不一样，不是正方形的

通过制作小册子
可以俯瞰设计全程
还有助于整理头绪

绘制舒缓的弧线《天主教所泽教会屋外十字架》
摄影　渡边健介

是表达了一种为了你量身制定的书的感情。发表之后就对业主说‘这个本子就这样拿回去就好’，也是非常让人印象深刻的。”

□□原本，就很喜欢思考如何组成故事。

□□“在美国留学时的设计课，是一种叫无纸张工作室的东西，全部的发表都是在电脑上的文稿演示。我想以给人们展示为目的的应用界面的制作方法，就是在这个时期训练出来的。从基本设计手稿开始讲述介绍的话，大家就都睡着了，所以从一开始就啪！啪！啪！地展示一些有吸引力震撼力的东西。”

□□渡边先生认为翻看书页的行为，其实和这种感觉非常靠近。所以说，不要把排列了文字的说明页放在一开始，应该最先展示一些有震慑力的建筑照片等。

□□“大概我自己比较喜欢这种啪啦啪啦翻下去说明的感觉。翻下去的时候的节奏，信息出现的时间差等等，都和文稿演示有一种异曲同工之妙。”并且可以成为制作整理小册子头绪的工具。

□□“即具备文稿展示的要素，而且什么情况下都可以俯视全体。还包含了记忆／记录的意义，所以说我认为把设计的过程记录下来，装订成册是非常有必要的一件事情。”

□□说起这个话题，便联想出诸多的渡边先生。

□□“C＋A时代，在卡塔尔的现场有幸与矶崎新事务所一起工作，当时对矶崎先生的发表非常记忆犹新。”

□□那时是一个在卡塔尔建造的几个文化设施的发表。由于是对王族开发商进行说明，因此同行的工作人员也是被限制的。不是在一个很大的房间里，用屏幕显示文稿展示的形式，而是采用了小册子进行一对一的发表方式。

□□“矶崎先生，一张一张地翻下去说明故事。看到听到这种亲密的发表方式，我就突然觉得‘这个太棒了’。

□□我自己住宅的工作也基本都是一对一的对话比较多，比起屏幕展示来说是可以缩进距离感的方法，我感觉这种方式非常有效。”

Presentation

case Booklet&iPad

从自己成立事务所开始到现在为止的发表工具变迁史。
大尺寸的是从学生时代开始的所有工作总结编成的。
中间的是现今的正方形小册子。

描绘此项目的正方形小册子

1

2

3

4

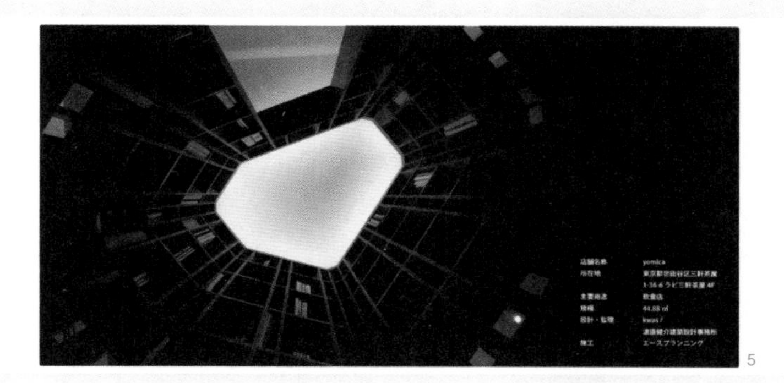

5

1 | 表纸上表现出加注了项目特征的概念。不使用照片的情况比较多。

2 | 小册子的开头，不使用建筑的全体造型，而是剪切出印象深刻的部分，只传达建筑物的氛围。

3 | 也会介绍设计途中的过程，拿到小册子以后便可以成为展开对话的内容，文字一定要限制在最小范围内。

4 | 之后，便呈现可以把握建筑整体的竣工后的照片。

5 | 最后的扉页上，表现夜景等抽象的结构图等，并揭载项目的基本信息。

实现三次元影像和写实照片重叠演示的令人惊异的新型发表

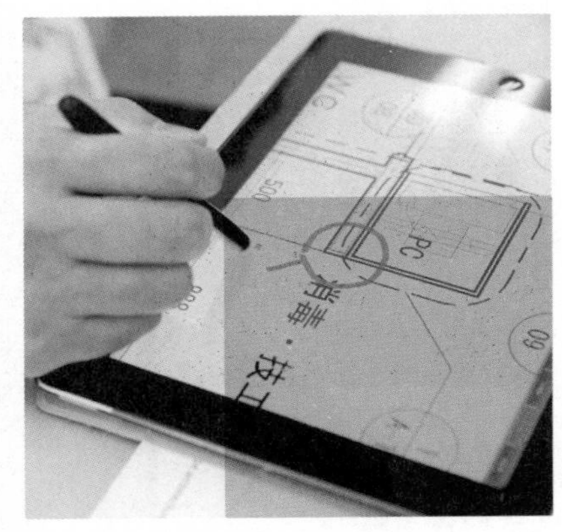

还能活跃于施工现场的ipad。直接在图纸上写画，之后可发送邮件。数位笔是必须工具。

□□“我特别对‘在动中变化的空间’感兴趣。”

□□从手工制作的小册子这一话题猛抽出来，就开始说起了最新爱不释手的ipad的话题。

□□“最近，我对一些事情特别感兴趣。比如说‘稍微动一下的话，眼前的空间会发生什么样子的改变？’，亦或者‘从不同的角度来看的话，又会有什么样不同的印象呢？’，等等诸如此类的事情。但是这些如果是二次元表现的话，只能是持续的展现静止的画面。所以我便开始了用ipad的发表。”说着，渡边先生便在ipad上打开了关于2009年竣工的福祉设施《创和单元》的资料。

□□“由于是训练患有轻度精神障碍的人士如何在社会上生存的场所，因此容易控制人与人之间的距离，以及与周围接续的方法方式是要求事项。那么，我的提案就是把几个建筑物单体，互相之间自然地连结起来的形状。在这边建筑物里面的时候，也能看到在里面建筑物里的人的身影，相反也可以隐藏起来，就像这些。只是，如果是用一张画来表现的话也非常难以理解。”

□□在这里思考到的方法：把相机定位，把割据成六等分的条形模型，从里到外一个一个按顺序进行摄影；把这些画像按照图层罗列，最上层的稍加删减，使得里面的模型浮现出来。也就是说，要利用二次元的画面去表现三次元的世界。

□□另外，“带着‘朴素地做成三次元会变成什么样子呢？’的疑问，便开始了这个影像的制作。”在像建筑动画一样加工出来的白色空间中移动，也就是说虚拟行走路线的影像（第158页）。穿过楼道向前行进，到达了日照很好的场所的瞬间，啪的一下子影像就停止了，到现在为止播放的画面戛然而止，就变成了竣工时的写实照片！停留片刻，又会回到步行在白色空间的影像，继而又停留在某一个场所，一瞬间，眼前的光景又变成了真实的照片显现出来。到现在为止，没有见到过的崭新的影像。

□□“通过影像，把经过设计的三次元空间与竣工照片重叠，在动态中展现其复合性的方法。”

□□也便是存在于空间里的人们，实际上是如何认知此空间的一种再现。

□□“ipad的好处在于，很多用口头表述不清楚

ipad 也好，小册子也罢
都可以站在对方的立场上
进行发表

的事情，可以真实地，具有视觉性的展示出来。动画和静止画面同时用同样的格式展示，是非常优秀的发表工具，我是这样认为的。”

□□实际上小册子也有这样的共通点。

□□“可以进行站在对方视线上的展示方式，也可以让对方自己啪啦啪啦地翻下去。相对而言，可以完成距离感较近的发表，而且干扰少，便携……是不是很像？”

□□实在不能相信渡边先生从使用ipad开始才三个月的时间，竟然把它的最强性能找出来并且淋漓尽致地活用上。

□□“比如说只要把正在进行中的项目平面电子档存档的话，在电车里也可以进行草模设计。写一写，改一改概念想法，完成了好的方案的话，直接发送邮件就可以了。在工地现场也是，看着屏幕上的图纸，直接指示，‘这个部分可以变成这个样子’，就这样写上发送出去，绝对没有问题。真实的图纸设计，以及像在笔记本上涂鸦一样的功能都可以应对，动画的、静止的也都可以囊括……这样说下去，感觉我像是ipad的营业员一样。（笑）”

□□唯一的缺陷就是，无论走到哪里结果都变成了我自己工作的场所。

□□“从使用了移动电话开始，便确实的埋下了一种不自由的种子。但是，到哪里都可以工作这件事本身，也可以看作是确保个人时间的一种方式。”

□□每日都沉浸在发表工具ipad的魅力之中的渡边先生，还说道一定不会改变对信息数据部分的执着。

□□“效果图也是，感觉多多少少有一些触感的东西会比较好，正在寻找可以这样展示的方式。正是这些部分才能显现出个性来。”

□□当然，小册子也会继续下去。

□□“因为项目完成以后作为纪念，以‘书’的形式交付的话，会得到对方欣喜的回应。把完成后制作的小册子交与业主，日后因为其他事情拜访的时候，有些业主还会特意拿出那些小册子感叹‘这个太好了，真的特别开心’。然后一起翻阅起来，每每都会觉得真的是很棒的选择。”

Presentation

case MOVIE

融合了虚拟行走路线动画和竣工后照片的影像。
竣工后照片的摄影位置与使用的镜头相结合制作虚拟
行走路线动画，与照片位置丝毫不差的重叠在一起

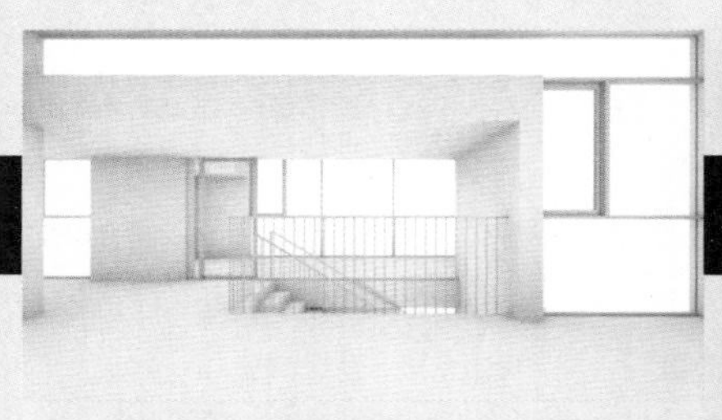

FIN

Presentation

case Study

从整体外形到细部，都是用一整块模型泡沫切割削减下来的。事务所员工手工做的

照片上的模型，是面向海岸周边设施的船队俱乐部设计方案。模型中使用塑形泡沫的原因是，“能够真实地体现墙的厚度的材料，也非此莫属了”。为了塑造三维造型，首先要把泡沫块整体削出来。“大体上凹凸形状出来的时候，就把整个体块分割开来。之后只剩下外墙，切削内侧，再把挖空的内部材料做成墙。最后按照原来的位置镶嵌上去。这种制作三维模型的方法是很合理的，但是工作还是非常繁琐的。”

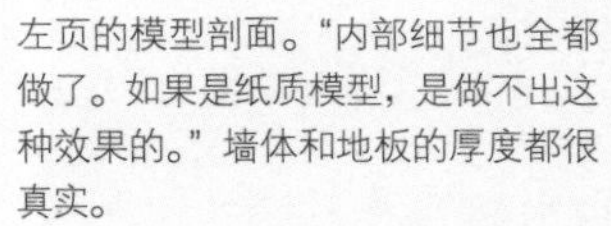

左页的模型剖面。“内部细节也全都做了。如果是纸质模型，是做不出这种效果的。”墙体和地板的厚度都很真实。
“只是比较遗憾的是，最终没有变成真的实物。从圆形小窗子引入阳光，从阳台这样大的窗子眺望大海，如此的设计方案。”

Tadasu Ohe

大江 匡

architect

一次又一次大手企业大项目竞标中取胜的设计团队。
率领此团队的大江 匡先生最重视的，
意外的竟然也是“语言的力量”。

为我们准备的庞大的发表用资料。但是，大江先生边说“只是资料的话，什么用也没有”，一边就把这些资料扔到碎纸机里了。

□□“我认为，只是用语言决定胜负的发表是最棒的。资料，图纸，模型，什么都不要。如果非要用什么的话，一个板一支笔就够了。制作发表用的资料是后期的工作，不管准备了多厚的资料，语言上表达不清的话，就什么意义也没有了。”大江先生的采访，是以颠覆了我们预想的语言为开始的。从多次的大手企业竞标中取胜的经历来说，本以为发表中使用庞大的资料，精巧的CG等等会有效果，其实很意外，可以断言说取胜的关键基本在于“语言”。

□□“使用语言取胜，其实是自己的想法是否全部把握的证据。比如说，被指示给五分钟的时间，在甲方面前讲述自己的想法的时候。此刻，能不能在现场立即用简短明了的话说出来，不能完成的人，是不可能成功的。”

□□大江先生说，人这种生物，听别人说话是不会超过三分钟以上的。

□□“更进一步说，当在宴会呀酒席上被问道‘你是做什么的？’的时候，如果一分钟之内不能说清楚的话，那就什么也别说了。特别是年轻人，一定要锻炼这种能力。具体的说，要做削减自己的想法的训练。写满了A4纸的文章，把它归纳成200字的训练。很多人都是，明明可以用200字说明的事情，非要增加这个那个可有可无的东西。如果这种训练做到了，什么质疑都能够回答了。因为竞标中，经常会被问到想不到的问题。那个时候，能够一下子回答上来的人是非常了不起的。”

□□"发表当中不使用图纸或者模型的利用的是什么呢？这个是因为一般人都是不了解建筑的，图纸也看不懂。听发表的人，大多数都是使用建筑的人，但是对建筑本身并不明白。所以说发表的基本，只是站在对方的角度上——是远远不够的，应该是'把自己变成对方'。"要想像如果是这个人会怎么考虑，然后选择语言，选择表达的方式。

□□"比如说，制药公司的人们，会写一些诸如苯环的符号，又是CH，又是AL的，表示在研究了什么。但是我们这些人看，完全不知道什么意思。和这个道理相同，边展示'这里是抗震设计'等等的图纸，边说明是没有用的。他们想知道的其实是，大楼摇晃的时候，杯子会不会倒而已。不说明这个，只是介绍构造系统，一点儿都不能打动人心。"

□□大江先生还说，更为重要的是，光展示结果也是难以传达的。

□□"不得不把自己思考的过程，在对方的头脑中进行再次构筑。听者赞成与否，决定于在他大脑中有没有再构筑出你的思考过程。就等于像是高尔夫职业教练一样的。"自己的肢体形态，摇摆动作如何传达给对方，对方会不会做出与自己相同的动作是关键。比起高尔夫是不是打得好来说，对于一个职业的教练，把肢体动作以及感觉传授给对方才是更重要的。

□□"说一说一个学校的竞标的事情。我想阐述'对于中学生来讲，学校的本质是与朋友们交流的场所，能够实现这种交流的是楼道。'这一观点，因此把以前经受过的出云学校的事例拿出来讲了。我是这么说的：'我们首先把楼道展开了。通常上说，楼道的宽度一般是两米左右，我们做到了八米。在这八米的楼道的中心部，设置了图书室，教室分布在楼道两边。其他的拓展到八米的地方，设置了食堂，采用了把教员室挂在上面的形式。教室和楼道之间的隔断使用了玻璃材质，从教室里面可以看到楼道的情况。上课的时候把玻璃窗关起来，休息的时候打开。这样的话，教室、楼道、以及图书室就变成了一体，学生们之间的交流也随

如果没有不依赖图纸或者资料
也能够表述的语言的话
那么什么信息都无法传达给对方

让开发商感到欣喜
自由地来往于准备的资料中
像爵士乐演奏一样的发表

之产生了。'——是不是？没有图纸，也没有资料，我所说明的空间应该在大家的头脑当中呈现出来了。"

□□确实，在宽广的楼道里，学生们慵懒玩耍的样子真的出现在了头脑里面。

□□"说明和发表是不一样的。什么都没有的状态下，如果没有能够表达的语言，是绝对不能办到的。这个是牵动人心的发表。"

□□说到此处，面向大手企业的发表，有的时候也是被要求提出大量的资料的情况。这个时候大江先生举出的例子是，2011年竣工的武田制药公司湘南研究所的发表案例。

□□"不是把大量的资料按顺序出示陈述，而是采用了先大致翻阅的方式。"

□□通常PPT中准备的图纸，数字等等资料，全部制作成展示板。几个工作人员把展示板拿着立起来，全部一起展示说明。

□□"图纸等具体的表现，和概念的语言上的表述，相互交替的进行对话。这样的模式容易让对方的头脑中形成再构筑。说话的顺序，也要顺应对方的表情和反映，随机变化。"

□□PPT，书面资料的发表，只能是单行行驶。边看平面图边说明1层的情况，接下来看图纸说明2层，就变成了这种追赶顺序的形式。

□□"光听这些一点儿意思也没有。思考怎样才能把建筑效果立体性地表现出来的结果，就是这个样子。其实，就在之前用这个方法发表过，对方说'就像听爵士乐一样快乐'，非常欣喜。"

□□从这个图纸到那个CG，不断地转移视线，这样交织着说明的话，对方也会在追随着你的思维的同时，在头脑中形成一个建筑空间。原来是爵士乐的世界观。大江先生是不是喜欢爵士乐呢？

□□"……学生时代在轻音乐乐团里吹过管乐。哎，不对，这个，好像没有关系吧。是过去的事情啦（笑）。"

Presentation

语言是万事的基础！
大江先生的“沟通8要点”

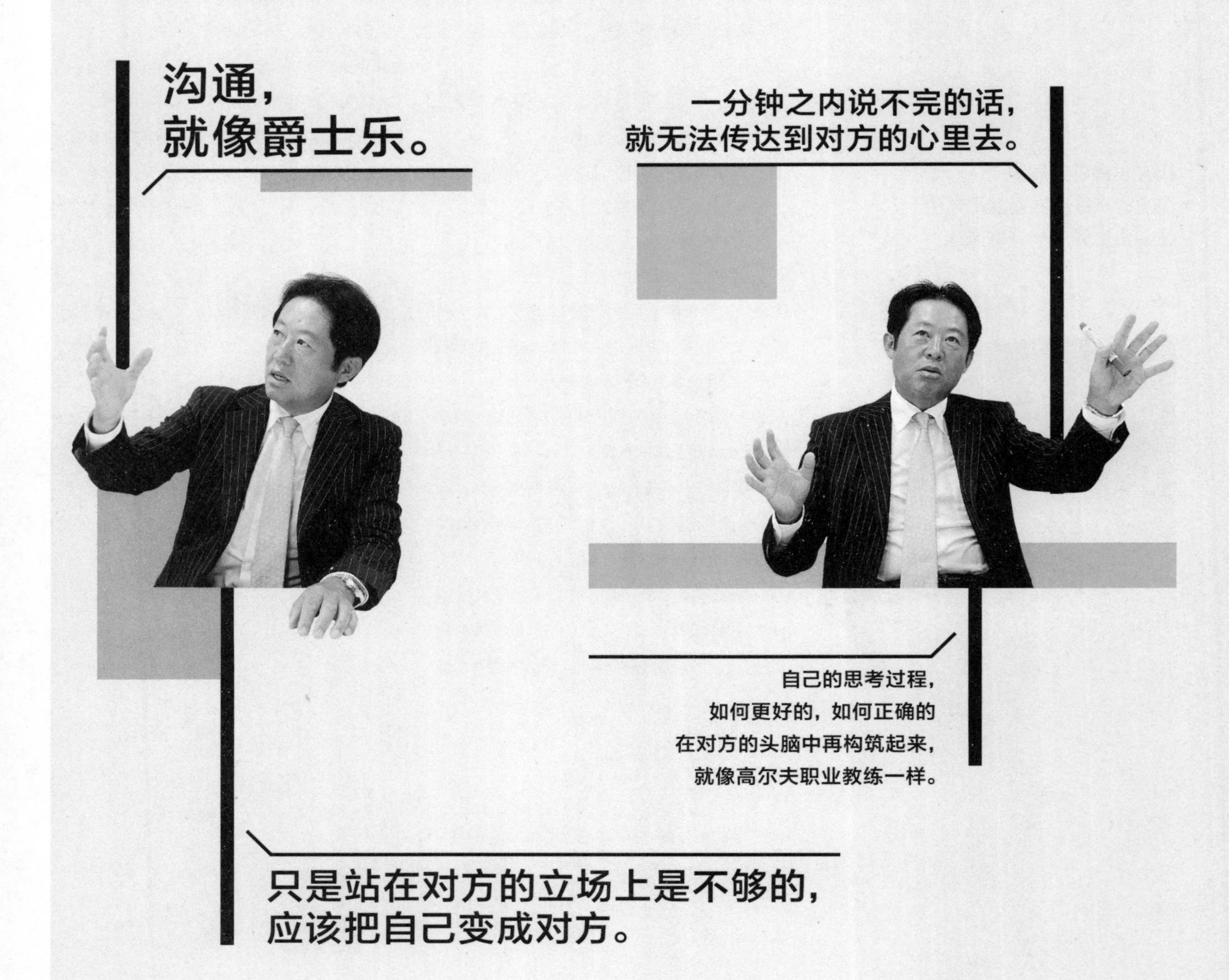

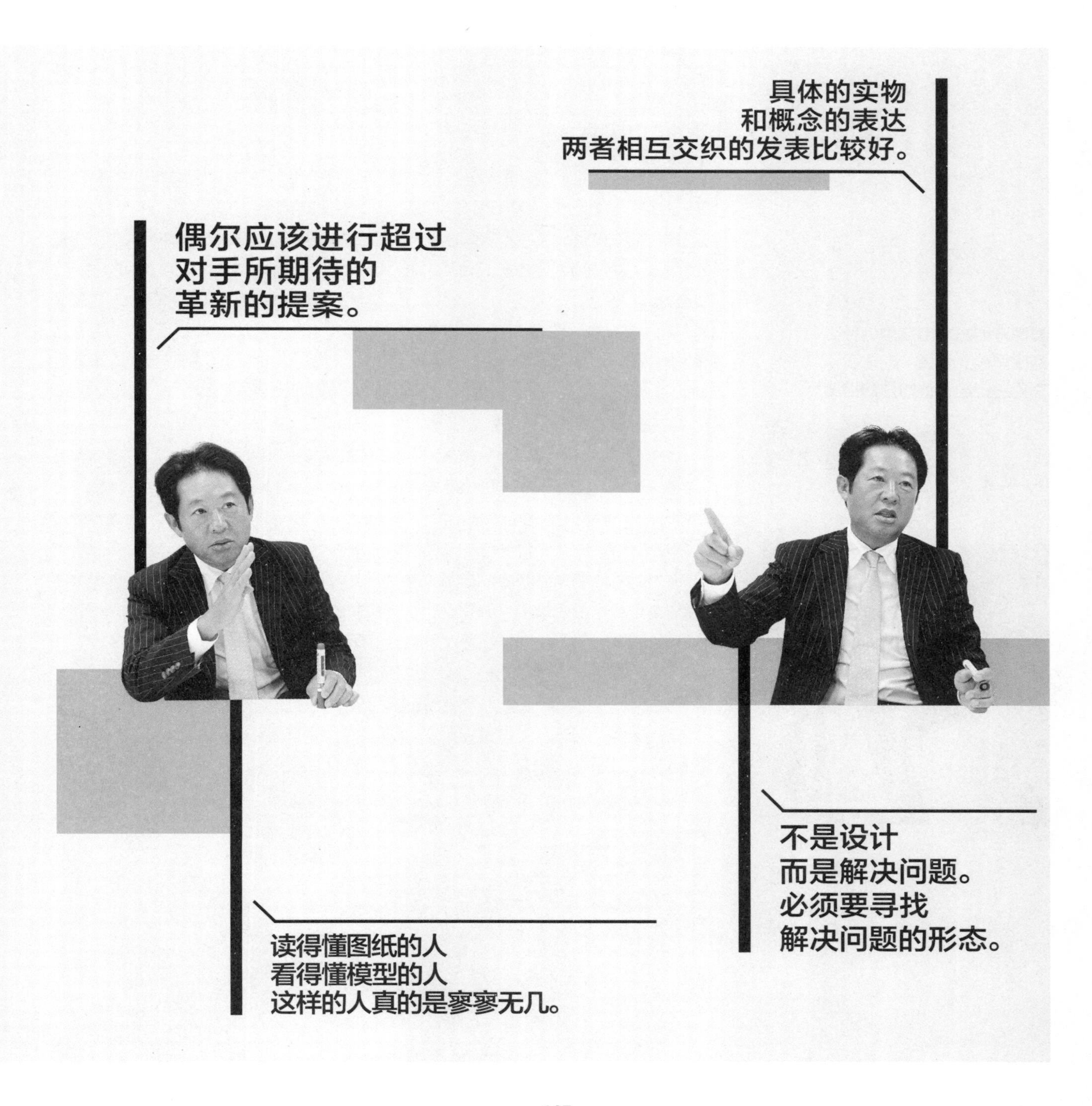
具体的实物
和概念的表达
两者相互交织的发表比较好。
偶尔应该进行超过
对手所期待的
革新的提案。
不是设计
而是解决问题。
必须要寻找
解决问题的形态。
读得懂图纸的人
看得懂模型的人
这样的人真的是寥寥无几。

要思考委托方到底想做什么
到底想改变什么
之后进行超越他想法的提案

□□“我们有一个叫做‘设计商业顾问’的专业顾问集团公司，这个是一个很大的优势。”

□□如果是和工厂的沟通，会从物流、生产系统的角度考虑。研究如何沟通，从如何提高研究成果的角度开始。区别于一般的建筑设计，从不同的角度出发进行切入，所以才会有更好的方案出炉。

□□“说一说一家仓库厂家的沟通吧。那是一个‘拥有50亿日元库存的仓库改建’竞标。通常上能想到的是，如何提高效率的做法、低成本的做法、让给工作人员提供更加舒适的工作环境的做法，类似于这种的提案。”

□□但是，大江先生的提案完全不一样。竟然是‘能不能把库存从50亿降低到30亿’的方案，颠覆了委托方的前提条件的大胆的方案！

□□“当然，会增加库存不足率。应该是50的库存，只有30的话，会出现货物不足的状况。那么应该怎么办？首先，重审了仓库进货出货订单的信息系统。如果导入了IT系统的话，需要花两周时间的可以缩短成三天。这样的话，即使库存减到30亿日元，库存不足率也不会增加。”

□□另外明确了，如果优化货车的物流系统，更容易管理控制。

□□“如果压缩了20亿日元的库存，委托方会有3亿左右的盈利。使用这3亿可以导入IT系统、物流系统，进行统一管理。就是这样的一个方案。”

□□这是一个活用了商务顾问策划的设计沟通。从委托方的角度来讲，有“因为建仓库，竟然可以压缩仓库！”的感觉。

□□还有一个例子，2006年竣工的东京都港区的索尼城。这里有一个提案，当时也成为了轰动的话题——连接了一层到二十层的自动扶梯——写字楼里竟然也有自动扶梯。在这个发表上，大江先生最初投出的橄榄是，“知道公司总部大楼和租赁写字楼的区别是什么吗？”这样的一个问题。

□□“答案是，工作中的人的行动完全不同。租赁写字楼里，只存在自己公司租赁层的移动，然而公司总部大楼就完全不一样了。总部大楼应有的姿态是，让各个部门间的交流活跃起来。7层到13层，19层到10层，必须让这样的中间层的移动变得频繁。”

“总公司大楼里的人流
跟商场里的客人的流动一样”
曾经做过这样的沟通

自己公司做的视频用iphone展示的大江先生。重视能够传达给对方的展示。

□□“这个跟商场里的动线是相同的，大江先生这么说。在商场里，从一层的化妆品楼层到四层的女装楼层，从八层的展示场到地下食品卖场，怎么样移动呢？大多数的客人都会使用自动扶梯。”

□□“如果索尼公司想提高员工的交流沟通能力的话，应该尽量润滑部门之间的移动，这样的一个提案。想想看商场开门时候的场面，冲着八楼的促销活动大卖场，在门外排队的女顾客们，10点钟大门一开的瞬间，大家就都冲向自动扶梯，基本没有什么人乘坐升降电梯。商场里如果没有了自动扶梯，那可真的是要发生很糟糕的事情了。即便如此，现今的写字楼里还是只有升降梯。上班时间一到，一层的电梯前就排起了长龙一样的队伍不是么？真的太浪费了。”

□□“而且，自动扶梯还可以创造出员工的有效生产时间。根据调查，大规模的企业里，工作时间以内，有很大一部分都用在了公司的内部移动上。所以说，如果安装了自动扶梯，那么每天每个人可以节约0.5小时的有效工作时间。”

□□“在这个建筑里面，有大约一万人的0.5个小时，合计就是5000个小时。按照总资产的时薪计算，一天就是2500万日元，一年就是60亿日元。能够创造出这60亿日元的价值，正是新公司大楼的使命，如此这般提出方案，就获胜了。”

□□“这样的方法论，在商务设计团队里被称为‘项目解难’。也就是说不是设计，而是解决问题。而且，在公司内部这种设计规划是禁止被称为‘作品’的。因为是和委托方一起完成的，所以全部都被称为‘项目’。”

□□“经营者，通过这个建筑想达到什么目的，思考这些使命，偶尔做一些有超越的革新。只是为了做一个盒子而进行的沟通是没有意义的。”

Staff Meeting

2012年，员工大约230人
正与大阪事务所进行视频会议

公司内部也制作视频影像
从摄影剧本到剪辑
相当完美

□□"开始这种做法是十年以前的事情了。以前，有名的建筑师进行总公司设计，我们只负责仓库，研究所的情况比较多。但是正因为如此，奠定了我们对'仓库到底是什么东西'这个本质上的理解与说明能力的基础。了解了物流以及库存管理的流程，与很多品牌公司合作也积累了不少经验与技术。利用这些技术，把生产和建筑的关系、物流和建筑的关系连成一条线，进行一个顾问式的优秀的提案。"

□□现在的设计商业顾问团队，除了"设计商业综合规划事务所"和"设计商业顾问"以外，还拥有工厂等需要特殊施工的"设施管理"，与酒店顾问相关的"头等客室"等事业单位。其中还有制作CG、影像等的"Qualix"。制作电视广告，是非常专业的出品公司。

□□"比起图纸，模型来说，影像资料是谁都更容易接受理解的，所以沟通的时候会用到。我们的影像制作水平还是相当高的，从剧本到台词、配音、剪辑、摄影，公司内部都能够制作。台词配音其实就是公司的女员工啊（笑）。"

□□这样的员工，东京、大阪、名古屋、海外办事处全部加起来有230人左右。各个公司的电视都是24小时接通体制，公司内部的会议也是由这些电视画面转播进行的。

□□"在这里使用的桌子，在大阪也是相同的，从画面上看感觉像不像连在一起的？就感觉像是在同一个时空开会一样。"

□□一年中进行的项目有100个以上，非常繁忙，所以健康管理还是要万全。

□□"每天5点半起床，6点到8点钟，高尔夫和肌肉健身一天一种运动交替进行。之后便去公司。我们公司，与客人见面的时候基本上要穿西装，我健身坚持很长时间了，所以胳膊什么的都绷得很紧。其实脱了以后很壮观的（笑）。"大江先生的讲话技术实在是太巧妙了，连笑声都是交织进行的。绝对可以说这次采访就是大江先生的又一次优质的沟通。

打动人心的事 WHAT IS APPEALING

不要试图说服业主
要让他感觉是他自己决定的
这样才算是最好的发表

尽可能地使用全身
去表现想法和空间
有了节奏也会消除紧张感
人品也会容易体现出来

从一开始一定要把所有的东西都写出来
对于这样的提案形式
我有一些质疑

“正因为是竞标，所以才选了那个人”
我希望能够被这样评价的人获胜

发表文章中
一字一句都不能含糊其辞
都要经过很多遍推敲定夺

建築申請 手続マニュアル
住宅設計 基準マニュアル
官庁申請の手続と書式
建築ディテール集成

Interview

Hitoshi Abe

阿部仁史

architect

“毕业设计日本第一决战”
常年接触大量学生的发表的
阿部仁史先生。
述说了关于学生的、日本美国的
发表的情况。

□□被称之为世界上最有热情的学生活动“毕业设计日本第一决战”，从2002年第一届开始，到2006年，阿部先生常年担当了这个活动的审查员。首先我们询问了举办这个活动的契机。

□□“在东京学习的学生们，有很多到各个建筑名家事务所工作的机会，自己的设计水平和实力如何，多多少少都会有一些了解。但是对于地方的学生来讲就万全不可能了。”

□□出生于仙台的阿部先生在东北大学学习，到2007年在加利福尼亚大学洛杉矶校（UCLA）的城市建筑学系长就任为止，一直都在东北大学执教。

□□“学生时代，谁都会想到‘我自己到底是什么样的水平’这样的问题。但是，能够掌握的范围无非是自己在班级中达到什么程度而已。”

□□能够感觉到这种思绪，学生时代的阿部先生确实是感同身受。

□□“如果说能够看到全国范围的作品，能够进行讨论，那么应该能够对自己的水平能力有一个比较客观的评价。为了这个目的，开始了“毕业设计日本第一决战”。之后，有如此愿望的学生蜂拥而来，就成长成了数千人聚集的大型活动。”

□□当然，竞争是无比激烈的。

□□“首先，要进行从巨大数量的应征作品中选出100个的预备审查，这个期间是一定要脱颖而出的。当然也有运气的成分。但是，最终被留下来的当真都是极品。”

□□应征的学生们都抱了必死之心。也是因为这个缘故，审查员也是在有限的时间内，在庞大的作品中认真地进行挑选。阿部先生把这个悲壮的工作表达成“像地狱一般”。

□□“没有自我表述能力以及交流能力的话，是不能够在‘毕业设计日本第一决战’中取胜的。为了陈述清楚模型、图纸、话语全部的内容，一定要有一个明显的噱头。主题的设定也一定要有时代性不是么。”

□□光是靠运气还真的是无法取胜的。

□□“‘毕业设计日本第一决战’中被选中的人可以说是‘日本第一’，但是也不过是这个比赛中的第一而已。预备审查中筛选出来的100个作品中，通过审查员的投票和讨论，最终入围的只有10名，这10名候选再进行公开发表以及讨论，最终确定日本第一。”

□□相当狭窄的门槛吧?

□□“就是这样的。选择谁，还是要看当时审查员的喜好，以及审查员之间的发表成功与否。”

□□审查员的取向问题也是很大程度的体现出来的，审查员之间的关系也起到一些作用。

□□“但是，竞标不是就是这样的么。至少，来参加的学生们，会有‘那个家伙果然厉害’，‘还是我的比较好’等等的感观，能够获取这样的一种距离感。”

□□“毕业设计日本第一决战”还有一种像某种节假日庆典的味道，对于学生来讲，是一种能够相对地衡量自己实力的活动。在东北和美国两国学习了建筑，并且执教的阿部先生，看了太多的日美两国学生的发表。经常被说和欧美人相比，日本人的发表逊色很多，这个是真的吗?

□□“日本学生也好，美国学生也好，最优秀的那一部分比较起来的话，还是没有什么差异的。”阿部先生解释到。

□□同时阿部先生又说道“日美两国学生有两个非常大的差别”。

□□第一个是教育的差别。日本大学建筑系里，有关建筑的一般基础学科的教养课程很多。毕业以后，不仅是能够成为建筑师，还有大量的学生会迈进结构设计、建设单位技术、开发商、投资等等等等，与建筑有关的非常广阔的领域。

□□另一方面，在美国的建筑教育中是明确了目的的，就是要成为建筑师，也就是说设计师。针对想做建筑师以外行业的，比如技术人员等，都是准备了其他学科的。

在这里参加的学生们
“那个家伙就是牛”
“还是我的比较好”
都会产生这种最低限度的距离感

漫画也能战胜哈利波特
这个还是很有意思的地方

□□“所以说，学生的整体情况来看，美国学生的发表会更能看到他们的热情，教育课程安排上也是占用了更多的时间的。这个算是非常大的差异了。”

□□教育的差异性，不光是体现在大学教育里，从幼儿教育就开始有相当大的差别了。

□□“在日本，学校中发生了什么突发事件的话，我们学习的是大家一起进行讨论，协调解决。在美国，接受的教育是，针对每个问题，自己是怎样感受理解的，进行面向整个社会说出自己的主张的训练。跟内容无关，锻炼的是如何表述自己的主张。这个也是不一样的地方。”

□□第二点，电子技术的使用能力的差别。

□□“美国学生真的是能够制作出非常可怕的CG效果图。用电脑画图是理所当然的前提条件，能够自由自在地使用数据链接软件。做模型的时候也是，驾驭各种诸如三维立体打印机，红外线切割机，CNC切割机械，等等能够处理各种复杂形状曲线的机器。大学里是提供这些设备的，学生们都能够自由地使用。这个是相当大的差别。”

□□日本，不是很差劲么？

□□“可以说是最近开始下功夫了，活用电子技术的大环境下，日本发展的还是相对比较晚。但是，日本的建筑在世界还不是还是很有人气的吗”阿部先生这么说到。日本还是有别的好的地方的。

□□“现在日本的发表表现中，经常出现的是非常最小限度的表现。比如说，传统的图纸表现，纯细线表现的感觉。美国的CG用哈利波特电影来比喻的话，那么日本的发表形式就像漫画一样。和哈利波特比起来，漫画虽然不花什么钱，但是也有它自己的特色和优点。”

□□“漫画”能够战胜“哈利波特”吗？

□□“可以。这个就是有意思的地方。花了钱打造豪华表现就能获胜的因果关系不是必然的。我还是觉得关键在于是否用心。”

不要试图说服业主
要让他感觉是他自己决定的
这样才算是最好的发表

□□“毕业设计日本第一决战”的注重入围的10位学生的公开审查中，审查员们会掷出很多问题。

□□“审查员的老师们，抱有一种想去理解、想去寻找优秀的地方的心态去提问的。但是，学生总会有一种对立的感知，经常出现一种反论的回答方式。”工作场合尤其如此。

□□“发表中，试图去说服业主是不应该的。”

□□这句话什么意思？我们问道。

□□“这个不是指竞标，而是指跟业主进行发表时候的情况。业主不是单纯的接受要求的一个存在。本质上讲，是希望理解项目内容的角色。所以说，业主的发问，是一个传达了业主的兴趣、价值观的重要的信息。”因此阿部先生认为，对业主的质疑进行轻易的反论，就像盖锅盖一样把人闷下去的事情还是慎重为宜。

□□“应该把业主的反论作为重要的信息，一切向前看。一定要把发表当作是与业主一起合作的场合。这样的话，业主就会有一种通过建筑师适当的辅佐自己做了决定的感觉。感觉不到是被说服的发表才是成功的发表。做到了如此状态，即能够吸收业主的潜在力，又能够创作出有方针性的策略规划。”

□□实际上还有一个非常重要的事情。

□□“使用身体吧！”

□□身体，吗？

□□“挥一挥手啊，摇摆一下身体，尽可能地使用全身，去表现想法和空间比较好。可以的话，站上前去指一指模型图表等。身体动起来，会消除紧张。”

□□原来如此，肢体动作可以控制对话间的间隔，能够使发表有节奏感。而且人物个性品行也容易传达出来。

□□“提案中的内容和发表者之间是无法分开的。很意外的，在日本这是非常困难的事情。但是，也是非常重要的。”

Appealing to theMind

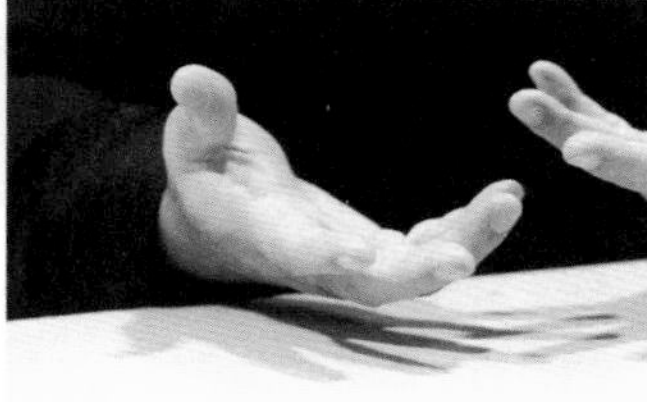

尽可能的使用全身
去表现想法和空间
有了节奏也会消除紧张感
人品也会容易体现出来

上 | 强调肢体语言重要性的阿部先生。在这次采访中也是，到了需要强调部分的时候，敲桌子等，手的表情非常丰富。
左 | 阿部先生作为著者之一的《项目手册》（彰国出版刊物）。描述创作意境的内容为主，能够运用在发表上的内容也很多。

果断地在开头说出
“有三个要点”
把会话的内容收进这三点之内

□□“现在我说的这些话是‘发表的心得体会’，但是不涉及表现媒体的好与坏。”

□□也就是说，效果图、手绘、模型等怎么制作，怎么表现不是重点，重要的是怎样构筑发表框架的方法。

□□“日本人之间的对话中，通过对话气氛能够感受到一些细节的情况比较多。但是，实际上就算如此，不能够充分传达意图的情况也很多。不能松懈这个问题，用简洁的语言清清楚楚地像对方传达是非常非常重要的。这些都做到了，也无法断言就一定能在竞标中取胜，这还真的是很难解释的事情……日本的竞标中，仅凭气场就能取胜的情况也是有的。(笑)”

□□在说话的时候，语言的定义，改变前提条件，偏离了会话的初衷主旨的经历，我想谁都会有吧。

□□“在这个地方，严格的磨练自己是非常重要的。我经常使用的首发是，在一开始就果断地说出‘有三个要点’，之后的会话内容全部收进这三点的方法。刚才讲到的，整理会话结构内容的方法。”

□□刚刚阿部先生在讲述日美两国学生不同的时候，也是总结提出了“日美两国学生有两大区别”的。还真的是这个方法，确实是容易理解。

□□“创造语言也可以”阿部先生这么说到。

□□怎么回事呢?

□□“随着思维前行，会出现固有的语言无法捕捉自己的思维和感觉的情况。这个时候，创作缩减信息而推敲出的‘隐语’，可以帮助提高思考的速度。”

□□当说明积累出来的块状的想法或背景的时候，与其用‘○○的○○的○○’来表达，不如用自己创作出来的精简的词汇表述更能够使人产生共鸣。传达的时间和理解的时间变短比什么都重要。通过只有自己人之间才懂的暗语，通过共有意识，可以增加强烈的自己人意识。这个也适用于建筑师和业主之间的关系。

□□“竞标中也是，提出‘用xx来称呼这个’，其中‘xx’便作为题目使用，这种方式可以很

像写书一样作为开始
便会容易客观的审视自己的设计

容易就被理解。”

□□为了决定话题的筋脉大纲，也可以使用在发表开头说明目录的方法。发表如何进行下去，在最一开始就明确地说出来，引导话题发展下去。

□□“简单地说，发表有点像旅行。听者如果不知道去向，话题或者注目点就会这里那里地飘过。通过拉开论题的纲目，才能够深入必要的论点。这个才是好的发表。”

□□听发表者也是一样，当看不见话题路径的时候，也很难去提出有意义的问题。如果说在一开始就用目录这种形式展示了话题的经络的话，就会防止出现执着于与主题无关的部分，从而使主题阐述时间不够的失败。

□□毕业设计的情况，最好像写书一样作为开始。因为能够更客观地审视自己的设计。

□□“想到写书，那么肯定要从目录开始思考，肯定是边整理资料边进行设计。通过这个过程和形式，可以从各种角度审视自己的设计。仅仅是判断写成书，都有可能会改变设计的内容。”

□□也就是说，发表中，如何在对自我客观的审视中控制下去是尤为关键的。

□□“能够客观的看待自己的发表，这个可能是最最重要的事了。就像写了原稿以后不要马上交出去，放一晚上再说的道理一样。如果不是这样的话，会发生很多难以想象的事情呢（笑）。”

□□原来如此。

□□“还有一个秘诀，如果困了就睡上15分钟。头脑可以回归初期设定，会很清晰。睡过的话，头脑会休息过多也是不行的。”

□□但是，会睡过去啊。

□□“这个时候，要抱着一定要起来的觉悟去睡才行。可以不要躺下来。咖啡因一般是三十分钟以后起作用，所以也可以喝了咖啡以后睡。这些也是把自我看成是环境中的一部分去客观的评价衡量控制的范畴。”

Interview

Nobuaki Furuya

古谷诚章

architect

“谈起发表还得说是古谷先生”
很多建筑师都如此发表断言
稀有的擅长发表者。
从有着丰富的审查员经验的古谷先生那里得到了从选择立场入手的建议

用单色铅笔画的赈灾复兴住宅手稿

□□“这个是，岩手县田野畑村赈灾复兴住宅的提案效果图。”

□□边说边给我们看的是，有着南部弯曲老屋般传统感的住宅方案。紫红色彩色铅笔画的草图，简直就像图画书一样漂亮。

□□“我想能够为因为受灾而受到很大心灵创伤的人们，播种一种希望，可以这样开心地开始新生活的希望。带着这种思绪画的图，跟以往的图纸多少有一些不一样的表现形态。”

□□建筑的基本是交流。古谷先生言道：要从揣测对方所希望的开始。

□□“首先要思考，对方看到以后会是什么样的感觉和反应。预先设想以后，再随之调整表现方式、措词、以及表达方法等等。”

□□建筑师所设计的建筑，基本上都是为了第一次见面的人而去设计的。那么揣测这个人究竟想建什么样的建筑，只能从与此人的对话、或者此人现在住的家等信息中得到提示。

□□“也就是说，只能凭借想像力工作。所以说，更为重要的是想像力。如果具备强大的观察力，就更能成为想像的辅助工具了。”

□□对于同样时间同样内容的对话，能够听取更多信息，注意更多细节的听者，把这些信息重组的过程中，就有可能萌生出各种想像。

□□“不能发愣啊（笑）！因为不能增加促进想像力的种子。这种种子越多，就越容易激发想像力。比如说有人说明‘A是B’的观点，那么仅仅是想‘原来A是B啊’是远远不够的。‘为什么此人会说A是B呢？’‘为什么此人会有A是B的想法的呢？’等等，不考虑到这种程度的话，是无法培养想像力的。”

□□“当看到在寒冷中颤抖着等电车的高中女生们的瞬间，我就想到要把车站和图书馆连结起来的方案。”

□□2001年的竞标中，古谷先生入选了“茅野市民馆”的项目设计，此项目为邻接于JR茅野车站的文化综合设施。入选优胜的原因是，车站的联络通道桥与图书馆以及市民大厅等设施，通过坡道连结起来了。

□□“有一天去观看规划地，天气很冷，车站附近有大群大群的女高中生在等电车。电车驶入站台的广播想起的瞬间，女学生们就疯跑到站台去坐车。看到这个场面，我就想‘如果这里能和图书馆连起来，那么电车来的前一分钟为止都能在这里看书了。所以一定要把这里连起来。’”

□□果然是观察力和想像力！那么究竟如何培养这种想像力呢？我们马上询问。古谷先生言道：“要揣摩对方，现在到底希望让我说什么。如果是发表，就要揣摩业主到底希望我提出什么样子的方案。要揣测为什么不委托别人，而是委托我的原因。对我到底有怎样的一种期待。这种地方都是需要想像的。但是，即便是这么说，也不代表就一定要按照这种期待去做。”

□□这究竟是怎么一回事呢？

□□“对方对我本身所抱有的一种印象范围，但是这个是不是最佳的解答就难说了。什么是建筑师？就是以‘让别人的生活更快乐更幸福’为目的而工作的人。按照业主所想象的所憧憬的原封不动的提案，也可能带给对方幸福感。然而有的时候也会感觉不够，那么就会有另外一种让人欣喜的情况，这种情况就是‘创作了一种对方想都没想过的方案’。换句话说，有的时候，完全不同的可能性的方案，会得到意想不到的效果。”

□□重要的是一对一的对话，是每一次这种对话间产生的交流。所以说古谷先生断言，把人按照类型分类是没有意义的一件事。如果把人按照类型分类的话，会大大的缩小可能性。

□□“观察力以及想像力，是能够随着历练增加经验值的东西。‘这个人表面上是这么说的，但是其实是另有所期’诸如此类的感知，会自然而然地变得敏感起来。基本上就像谈恋爱一样。（笑）”

建筑也好、发表也好
想像对方的心理活动是非常重要的
就像谈恋爱一样（笑）

必须要把所有的东西都记录下来
对于方案的提出形式
多少带有一些质疑

□□这样的古谷先生的“最新胜利方案”是，2011年11月入围选定的福岛县喜多方市新市政府。

□□“凭借最初提出的一张发表板，就直接入围最终审查的例子。自己看起来都觉得是非常简单的方案展示板，自己都有这样也能获胜的感觉。实际上，进入二审阶段也是不能提出模型的，因此最开始的那一张展示板，要有一定程度深化表现的必要。”

□□竞标一般来讲，都会有“图纸只可为简单手稿”“不要添加模型照片”等明文规定。这个是为了不给竞标者带来过度的能源消费和负担，但是按照这样的规定去做了以后发现，“除了我以外，所有人都几乎提交了近乎完美的详细方案！就变成这样了（笑）。”实际上古谷先生对于这种所有人都提交详细方案表现的竞标方式，不太想做评价。“花了很多时间去做了很完美的东西，结果本质上几乎都是落选的。这样对建筑师来说，无非是消耗精力和体力的事。”

□□如果是这样的话，不如做个简单的企划案加上调查采访，挑选一个适合该项目的人好了。或者说，最初的阶段就提交简单的方案，一定程度上筛选一些人数，再进入二次审查的方法也不错。

□□“仅限一次审查中被选出来的，重新深化方案的方式。少数人入围以后，大家就也会不惜余力了。如果可能，招标方也应该付相应的方案制作费。我想这才是正确的姿态。”

□□那么站在审查员的立场上，会有相同的感觉吗？

□□“是啊。特别是不仅是建筑师审查团，行政部门、一般人员参加审查的情况下，都会有选择资料信息多的方案的倾向。但是从长远的眼光来看，会使抱有积极意欲投标的绝对人数减少。如果是简单朴素的方案设计，一个月里可以投三次标，但是如果是需要提出很全面材料的情况，一个月顶多能投一个。即便是有优秀的人才，那么与之相遇的机会就会大大减少。”

Presentation

case 喜多方市新市政府大楼

2011年进行的竞标中获得最优秀奖的方案。简单朴素的发表展示板一张以及根据采访调查而进行的发表。

喜多方市新本庁舎建設設計業務プロポーザル

公園の中の市庁舎　/“ここを起点に喜多方を歩こう”

■喜多方の景観、街並み及び周囲の公共空間との調和を考慮した庁舎

01 喜多方「町歩きの出発点」をつくる

喜多方の魅力は町を歩くことから始まります。とかくこれまで地方都市では車が無くてはならず、車道整備優先はやむを得ないと考えられてきました。しかし喜多方には、その陰で忘れられてきた町歩きの魅力がまだ随所に残っています。これらは立派な資源、これを活かした市街地整備をまず第一に考えます。

ラーメンもお酒も美味しい、蔵や水路や飯豊の山々や磐梯山も美しい。何より喜多方の人々に出会うのが楽しい、子供からお年寄りまでの、そんな歩き道の起点となる市庁舎を提案します。

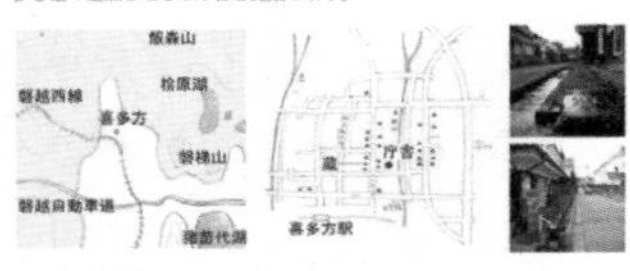

02 公園と駐車場を入れ替えて「市役所を公園で包む」

敷地内の既存の樹木を活かし、周辺の緑とも連携して町の緑のネットワークを作ります。隣接する御清水公園と駐車場を入れ替えて、総合的に再編してはいかがでしょう？

既存の大ケヤキを中心に緑の公園をつくり、新市庁舎を包みこみます。敷地を南北に抜ける車道を水路のある並木道とします。

本庁舎棟、ホール棟、蔵、保健センター等からなる「公園の中の市役所」です。施設は遊歩道で結びます。公園はそのまま緊急時の防災広場ともなります。

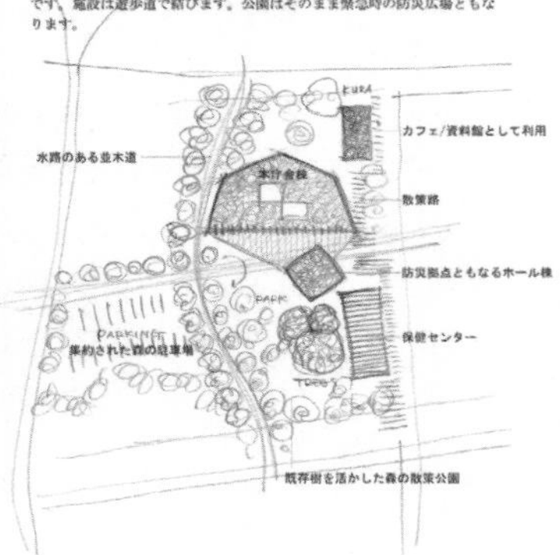

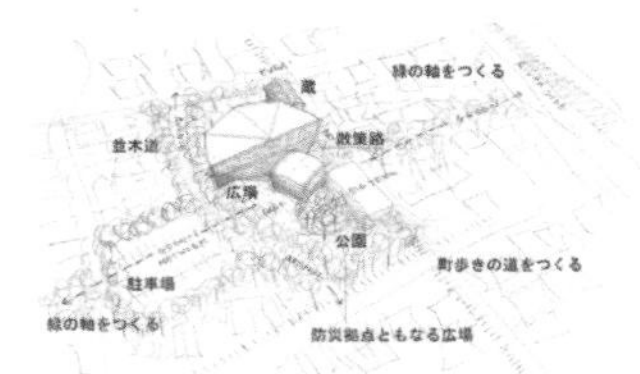

■防災の拠点施設としての役割を果たす庁舎

03 防災拠点として機能する「市民活動広場」

東日本大震災を経験した今、最も強く望まれるのが防災拠点としての市役所の存在です。夏場の日差しや降雨、冬場の降雪などがあっても、一定の活動が可能な軒下空間やピロティを積極的に設けて、災害救援活動の拠点とするほか、日常的には緑の公園広場とも一体に利用できる、市民活動の広場をつくります。

別棟となるホール棟には、閉会中には市民も利用できる議場ホールと、市民プラザを設いて、日頃から市民の親しめる施設とし、緊急時にもわかりやすい避難場所となります。本庁舎棟は地下階（公用車＋身障者駐車場）の柱頭免震、ホール棟は基礎免震を採用して地震動による被害を防ぎます。

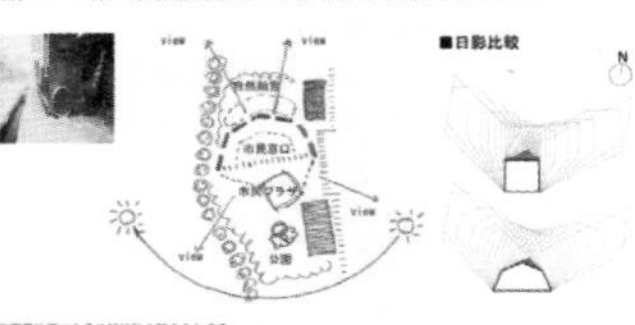

■豪雪地帯である地域特性を踏まえた庁舎

04喜多方の「気候風土に学ぶ」建築の形と配置

雪深い喜多方の気候に学び、この土地に相応しい建築配置と形を提案します。中層となる本庁舎棟は、建物北側の日影を最も小さくする形状とし、融雪を促します。ホール棟北側は大屋根で本庁舎とつなぎ雪だまりを防ぎます。建物周囲と敷地内道路に沿って水路を配し、冬場の融雪溝としても利用します。また、伝統的な蔵の形式に学び、建物を熱容量の大きいコンクリート躯体＋外断熱方式として室内環境を安定させ、屋根を置き屋根による無落雪のコールドルーフとして、夏場の日射負荷を低減、降雪時にも屋根躯体上の融雪を防いで、「すが漏れ」等の凍害から建築を守ります。

また、自然採光・自然換気、太陽光発電、雨水利用等、循環型エネルギーの積極的な活用に努め、LCCおよびLCCO2の大幅縮減を目指します。

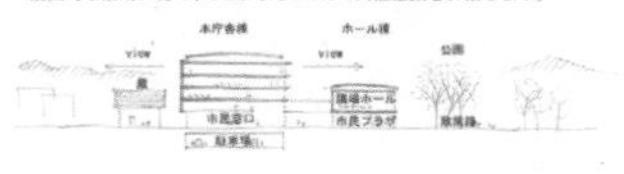

05 地場産木材を活用した「木のインテリア」、そして世界に誇れる市庁舎を

喜多方地方及び県内の地場産木材を積極的に活用し、木の香りの溢れる市役所を作ります。福島県ハイテクプラザ会津若松技術支援センターをはじめ地元の専門家と連携し、間伐材や高抗菌性含漆塗料などを活用した健康的な内部空間を生み出します。地域の特性に根ざした設計を行うために、この地方の設計経験豊富な地域の建築家の協力を得て、喜多方に相応しく喜多方にしかない世界に一つの市庁舎としたいと思います。今日の先端的な建築・環境・生産のトップ・エキスパートとも協働し、喜多方の地域文化を世界に発信する、真にグローカルな市庁舎としたいと考えます。

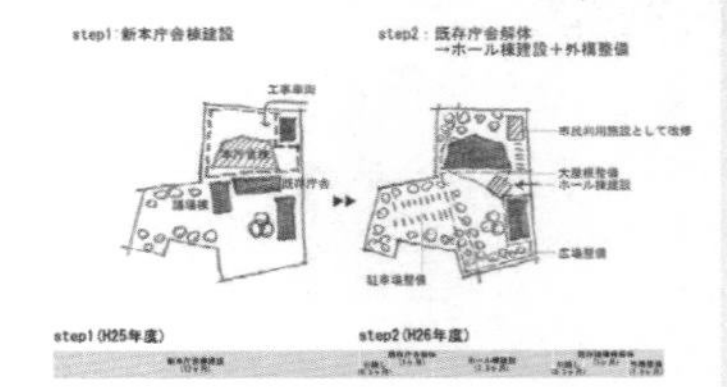

■行政業務に極力支障の出ない建替え計画

06 業務に支障なく、「敷地を有効に活かす」建替え計画

現庁舎を使用しながら、新しい本庁舎棟を北側駐車場の場所に建て、移転後に議場棟を残して現庁舎を解体、新たにホール棟を建てます。こうすることで、行政・議会機能を支障なく継続しながら、予定の工期内にすべての施設を完成できます。

本庁舎棟とホール棟との間には、大屋根下の空間が生まれ、便利で快適なアクセス空間として、また様々な市民活動の場として、有効に活用できます。この配置によって、敷地を有効に活用でき、公園の緑をより豊かにすることができます。もちろん仮庁舎を一切使わず引越しは一度で済みます

07 人々が「完成を心待ちにする」市庁舎をつくる

大津波などの教訓を得てつくづく再認識したのは、常日頃からのコミュニティ活動の重要さです。そのためには地域の世代を超えた幅広い人々の、日常的な交流の場が必要です。我が町の市庁舎の建設という出来事は、その最も相応しい願ってもない機会だと考えます。喜多方の老若男女が知恵を寄せ合い、時間をかけて話し合うことから、新しい市庁舎づくりが始まります。私たちはこれまで、数多くの公共建築物で市民がその設計に参画するワークショップを企画実行してきました。皆が計画をよく知り、完成を心待ちにしてくれる市庁舎をつくるお手伝いをしたいと考えます。

“喜多方的魅力是以步行在街道上开始的”这一句话便是整个发表展示板的开场白。一下子就深入人心的明快而又优雅的文字变成了主体，作为补充完善，添加了一些手画稿和印象图片。整个设计以“公园中的市政府大楼”为概念贯穿，喜多方市的地方性、环境、气候风土与建筑物本身相结合，受到了很高的评价。做为防灾根据地的广场设计、利用本地原产木材的内装设计、改装改建规划等等，言及了很多使当地人内心产生共鸣的方案

case 茅野市民馆

与长野县JR茅野站相邻的规划地上建造的综合文化设施。于2001年向全民公开的招标项目。2005年6月竣工

从投标方案选定到竣工为止，市民们都积极参与研讨会而完成的综合性设施。

由多功能厅、音乐厅、美术馆、图书室、餐厅组成的市民馆，通过坡道与JR茅野车站直接连结。起初的规划要项里，规定了公园和市民馆需要分开，但是古谷先生把这一点改编成了“延伸到车站形成一个连续性的规划”。这个契机缘由来自，看到女高中生们在寒冷中等待电车到来的样子。“如果把车站和图书馆连结起来，就不会出现在寒风中颤抖着消磨等车时间的现象”就是因为萌生了这样的灵感，超越了市民们想像的设计方案就诞生了。市民馆的入口就是图书馆，因此成为了任何时候都是人来人往非常明快的场所。古谷先生在“茅野市民馆”中，获得2010年度日本艺术院赏。

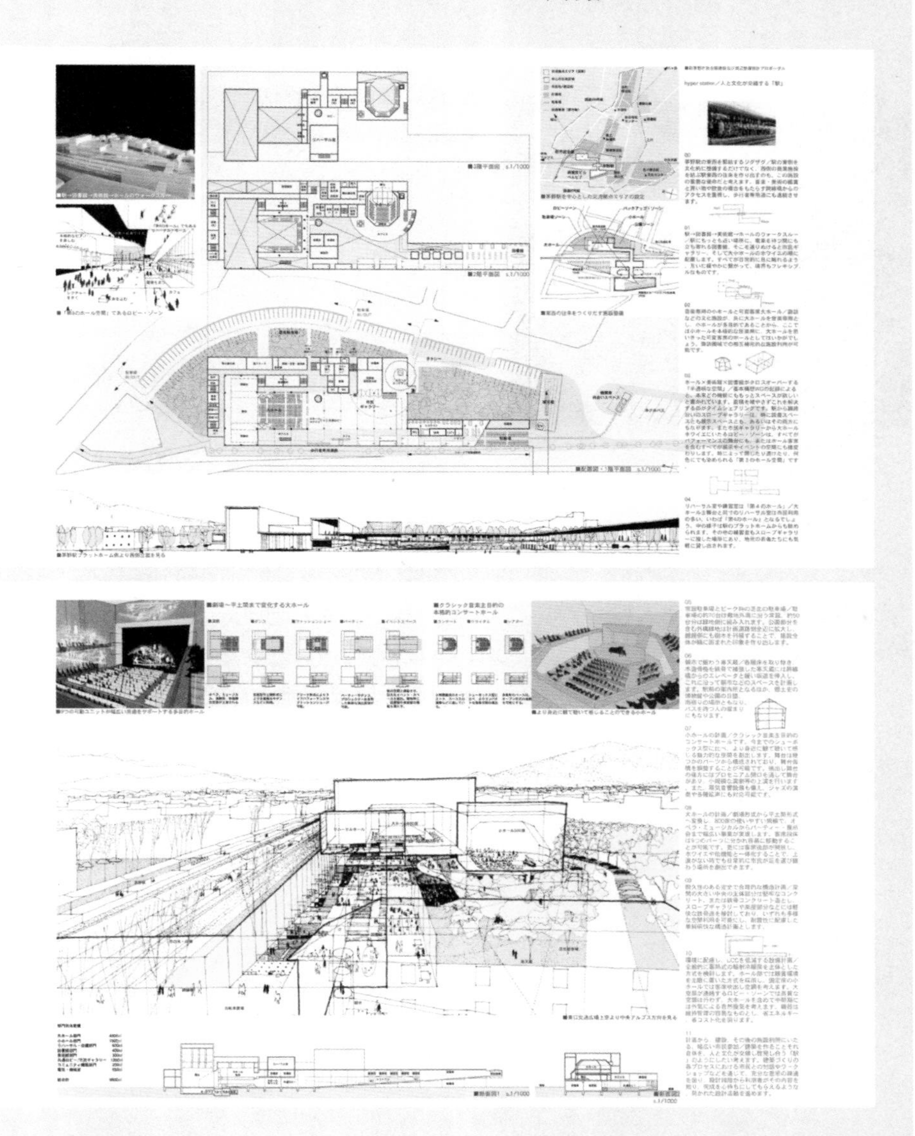

上 | 汇报展示板第一张
下 | 汇报展示板第二张

“就因为是竞标，所以此人被选了”希望这种人获胜

□□“我比较倾向于选择只有通过竞标才能认识的人。至少我是这样的。”

□□话说是站在审查员的立场上的时候，什么样的发表会打动人的心扉。

□□“让审查员有一种‘啊，如果是这个人的话就能够信任委托’的感觉，对于此人的方案自然而然就想看一看，听一听讲解说明。因为想负责任地把最适合此项目的人选介绍给主催人。这不是选择经验丰富的人就安心的意思，对于新人也是如此。如果是年轻设计师也加入了经验丰富人士的队伍的话，那么就会考虑只有年轻人才能做的，或者说期待他们能够给出在某些地方具有挑战性的提案。”

□□能够“信任”的要素是什么呢？我们问道。

□□“假设，对于一块规划地，如果是这样的一个系统的话，我想做出什么样的东西，我会提什么样的方案。最重要的是，能够出示支撑这些想法设想的依据。不能说明支撑想法依据的人比较多。倒不是说一定要精确的数字或者是调查结果，是指‘如果这么做，就肯定会实现’的这样的一个故事就够了。因为有没有使用这样的思考方式以及展示想法的方式是非常重要的。”

□□进一步说，不是谁都能说得出来的事情，而是只有这个人才讲得出来这样的话和内容，才算是能够被信赖的人。

□□“我经常对学生说‘到现在为止还没有的东西，肯定有还没有的理由’。为什么会没有，那么肯定有阻碍它存在的理由的。如果想创造出来，那么首先就要解决问题。同理，参加竞标的时候，我想应该更加深刻地考虑哪些问题需要被解决。如果说某个人具备了创新的自信，同时还能提出支持此创新依据的话，对于我来讲，是绝对会选择这样的人选的。目前，在提出‘业绩’的时候，在个人独立以前工作过的设计事务所担当过的项目也可以算在业绩里，从而参加投标。这对于刚刚独立的年轻人以及还没有出名的人来说，真的算是很好的机会。”

□□这样的古谷先生自己，印象非常深刻的投标有没有呢？

□□“那还是得算“仙台综合文化设施”。无论如何都想参与投标的，真的是在截止期限前非常紧迫地提出了发表演示版。尽管如此，作为审查员的矶崎新先生认为提出的文章非常好，

发表展示板上的文章
一字一句都不能疏漏
需要多次的推敲

手稿画都是用装在彩色铅笔盒里紫红色铅笔画的

所以让我入围参加了最终审查。结果非常可惜，是第二名。"

□□由于文章水平能力得了准优胜。确实，小布施町投标（190页）、喜多方市投标（186页），如果看看这两者的发表板上的文章，古谷先生的文章能力真的是实实在在的。

□□"首先是书写顺序。要考虑从什么样的观点出发挑起话题，考虑如何展开才能用简短的语言传达思想。并且，必要的内容需要简洁的传达，因此一字一句都不能遗漏含糊，一定要费心于要点总结上。另外，即便是没有补充的图片，只通过文章准确传达的话，那肯定是需要经过无数次推敲的。"

□□古谷先生还说，文章也好，对话也好其实都是一样的。

□□"一般来讲，会从到底想要传达给对方什么样的信息开始思考，也就是说一般都会站在自己的立场思考；但是我自己认为应该从'看文章的人究竟希望看到什么样的内容'入手思考。有一些复杂，但是一旦能够步入这个环节就会完全不一样。当然，也有这种情况，就是'明明知道对方应该是想得到这样的答案，还是果断地写不一样东西'。"

□□观察力、想像力、文章力，不只是要练习这些，而且需要把这些思路总结归纳成一个具象的回路，这些都是建筑师这个职业所被要求的。

□□"去旅行也好，去餐厅也好，都是不能脱离这种职业意识的。比如说会时常有'如果这样做的话会得到更舒服的空间不是么'等等这些想法，时常都是一种诸如此般的想法思绪在头脑中绵绵不绝的状态。所以说相反的，如果到了一个不是很舒服的空间的话，就会有一种不能忍受，想马上离开的想法。不管别人怎样，反正我是肯定会从这个存在于世界上的有罪恶感的空间里尽量快地逃跑。所说是逃跑，但是一边跑，一边也会一直想'如果这样做不是就好了吗！'（笑）"

Presentation

case 布施町立图书馆 街道图书馆

经过竞标于2009年6月竣工。通过以文章为主体的发表板进行了一次审查，筛选出来五位设计师，之后为了第二次审查制作了具体方案。

一次审查

提案内容について（1,200字以内）　※Ａ４用紙２枚以内
ア「新しい小布施町立図書館」基本構想にある「学びの場」「子育ての場」「交流の場」「情報発信の場」としての機能を十分に発揮できるための提案
イ　設計にあたって住民参画をどのように行うかについての提案

小布施町立図書館（交流センター）設計者選定公募型プロポーザル

小布施の駅とまちを結ぶメディアの森

01　立地を活かし、この場所の果たす役割を考える

敷地は、人々が降り立つ小布施駅と、長いまちづくりの成果である中心街を結ぶ位置にあります。ここを住民と訪問客が出会う交流の「駅」にしたいと考えます。この建築に足を踏み入れると、双方が予期せぬ様々なものに触れ合えるよう、機能別にそれぞれ閉じこもらず、自然に互いの活動を眺められるような空間構成とします。
駅に加え、役場や公民館、北斎ホール、小学校などが近接していますから、これらを有機的に連携して相乗作用を生み出します。また周囲を森でつなぎ、小布施の玄関口となる潤いのある都市空間をつくりましょう。

02　すべての場所が図書館となる

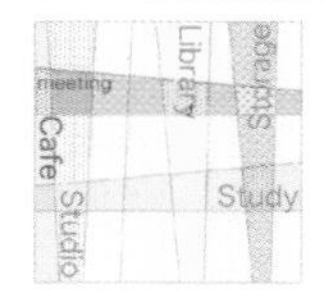

「学び」「子育て支援」「交流」「情報発信」の場が、運営次第でそのどこもが図書館となり、ギャラリーとなり、年齢や立場の違う人々の出会いの場となるよう計画します。自宅のパソコンで世界中の情報を取り出せて、希望すればいつでも本を取り寄せられる現在、図書館の果たすべき重要な使命は、単に読書だけでなく、自分以外の人々の様々な活動に触れる、つまり、人が、昨日までの自分が気づかなかった新たな知的好奇心を抱く、その端緒を提供することにあります。

0　3平屋の空間性を最大限に活かす

平屋で計画しても、敷地にはまだ約800㎡の外部空間が残ります。これを各所に上手に取り込むことで、内外が溶け合う居心地のいい建築を作ります。もとより平屋はすべての世代の人々のアクセスを容易にするユニバーサルなものですが、ここではさらに、多様な人々の求めるサービスがそれぞれに満たされる、真のユニバーサルデザインに近づくよう、RFIDタグによる蔵書管理や登録来館者への個別対応など、最新の情報技術を適材適所に使います。

0　4様々に更新可能で、循環型の社会に適合する建築

今後の図書館建築は、機能に厳密に合わせて空間を固定するのではなく、変化する将来の図書館サービスに柔軟に対応する必要があります。建物の「基幹」部分と経年的に更新される「枝葉」の部分を区分し、リサイクル・リユースが可能な、大らかな空間をデザインします。
また全体に消費型の資源エネルギーの使用を抑え、自然採光や自然換気、雨水利用や地中熱など、循環型の自然エネルギーを活用します。

0　5老若男女が参画して公共の場をデザインする

ここで作るのは、様々な人々が日々集い、何事もなくても思い思いに時を過ごせる「まちの広場」です。私たちはこれまで多くの公共施設、美術館、ホール、役場、小学校などの設計に際し、多くの住民やこどもたちとのワークショップを重ねてきました。ここでは特に、小布施に住まいこれまでのまちづくりに努力してきた方々、小布施に惹かれ協力を惜しまない若者たち、またこれから小布施を訪れ、この図書館を利用しようとする将来のサポーターの皆さんに加わり、建築の専門家として役に立ちたいと願っています。

长野县小布施町的图书馆竞标。不单单是一个图书馆，而且还必须附加地方交流中心的作用和使命。古谷先生的文章能力充分体现在一次审查方案里，此时没有规定提出具体的方案，只记载了“希望成为居民和访客能够相遇交流的车站。”

二次审查

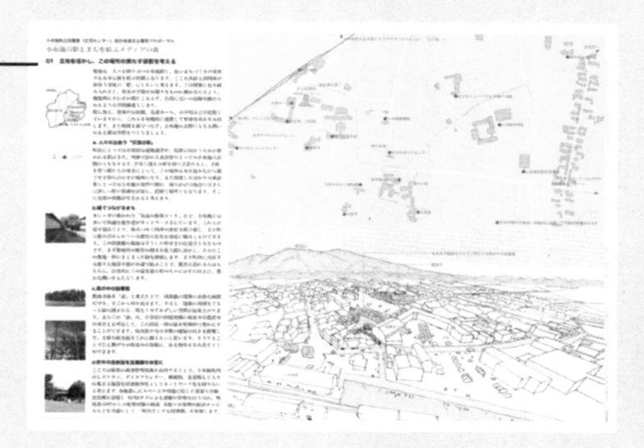

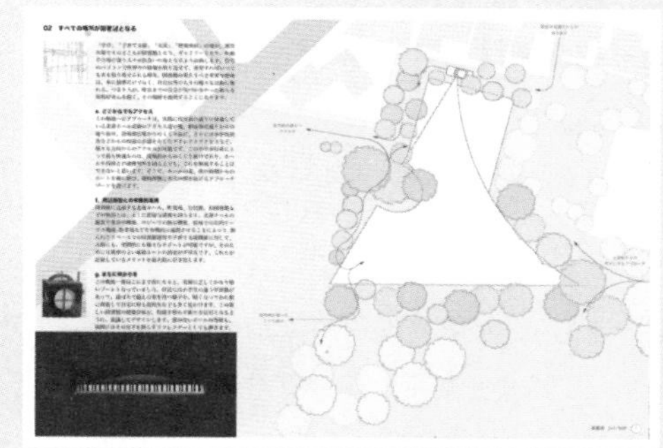

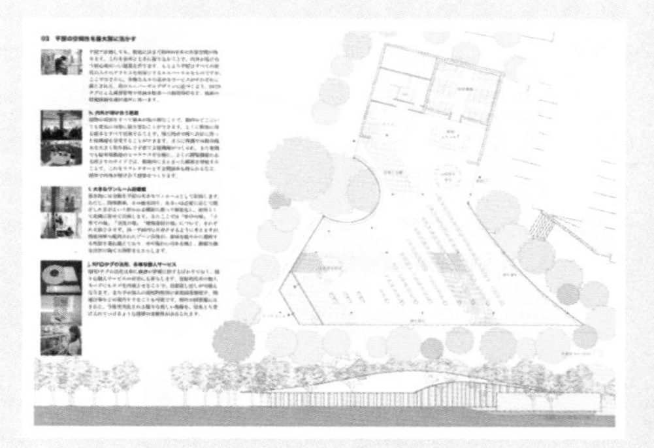

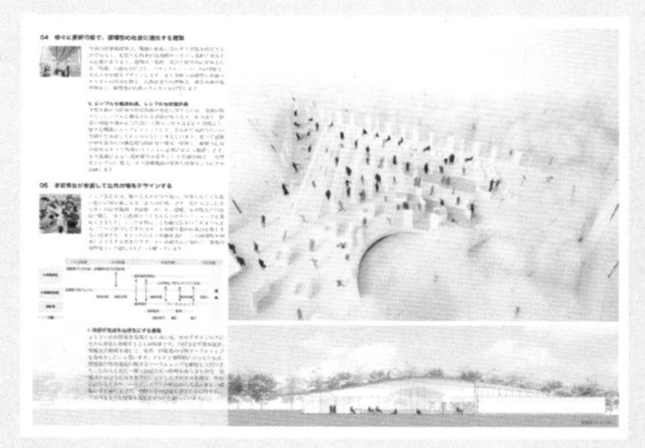

深化了一次审查方案，落实到具体规划的发表演示板。到了晚间，图书馆建筑物全体发挥了夜间路灯的作用，照亮了参加补习班的孩子们以及高中生们回家时的路

能抓住审查员心的文章能力
这个原点便是“文章脉络”？！

古谷先生初中二年级的时候转校了，那个时候有很多以前的同学给他写信。

“其中有一个像文学少女一样的女孩。其他同学都随着岁月流逝，渐渐变得疏远起来，只有这个女孩与他的通信一直保持到大学时代。只是，总是非常难懂的文章和内容。比如说‘想拜读一下立原道造的某某诗集，你觉得如何？’，我记忆犹新的就是为了回复这种书信，真是绞尽了脑汁。现在想起来好像还被非常严厉地责难过……‘看古谷的信，感觉就像行走在高速公路上’，到底是什么意思呢？估计是说像记录流水账一样。书写信件到底是不是能够锻炼书写能力，这个我无从解答，但是真的是很好的一件事，毕竟和现今的邮件属于截然不同的文化。”

著作权合同登记图字：01-2013-3725号

图书在版编目（CIP）数据

建筑师的智慧与哲学：15组日本著名建筑师的职业洞见/
日本X-Knowledge社编；周元峰，付珊珊译．— 北京：
中国建筑工业出版社，2018.3
ISBN 978-7-112-21729-8

Ⅰ．①建… Ⅱ．①日… ②周… ③付… Ⅲ．①建
筑设计—研究—日本—现代 Ⅳ．①TU2

中国版本图书馆CIP数据核字（2017）第331901号

责任编辑：李成成 刘文昕
责任校对：王宇枢

建筑师的智慧与哲学：15组日本著名建筑师的职业洞见
[日] X-Knowledge社 编
周元峰 付珊珊 译
*
中国建筑工业出版社出版、发行（北京海淀三里河路9号）
各地新华书店、建筑书店经销
北京锋尚制版有限公司制版
北京方嘉彩色印刷有限责任公司印刷
*
开本：889×1194毫米 1/20 印张：9⅗ 字数：265千字
2018年4月第一版 2018年4月第一次印刷
定价：69.00元
ISBN 978－7－112－21729－8
（31543）